企业级卓越人才培养解决方案"十三五"规划教材

Python 程序设计

天津滨海迅腾科技集团有限公司　主编

南开大学出版社

天　津

图书在版编目 (CIP) 数据

Python 程序设计 / 天津滨海迅腾科技集团有限公司
主编 . — 天津 : 南开大学出版社 , 2018.7（2021.7 重印）
ISBN 978-7-310-05611-8

Ⅰ. ①P… Ⅱ. ①天… Ⅲ. ①软件工具—程序设计
Ⅳ. ①TP311.561

中国版本图书馆 CIP 数据核字 (2018) 第 131986 号

主　编　李国燕　王奇志
副主编　王　磊　陈　炯　康建萍
　　　　许晓莉　贾利娟　杨俊杰

Python 程序设计
Python CHENGXU SHEJI

南开大学出版社出版发行
出版人：陈　敬

地址：天津市南开区卫津路 94 号　　邮政编码：300071
营销部电话：(022)23508339　营销部传真：(022)23508542
http://www.nkup.com.cn

天津午阳印刷股份有限公司印刷　全国各地新华书店经销
2018 年 7 月第 1 版　　2021 年 7 月第 2 次印刷
260×185 毫米　16 开本　14.25 印张　357 千字
定价：49.00 元

如遇图书印装质量问题，请与本社营销部联系调换，电话：(022)23508339

企业级卓越人才培养解决方案"十三五"规划教材
编写委员会

陈章侠　德州职业技术学院
郑开阳　枣庄职业学院
张洪忠　临沂职业学院
常中华　青岛职业技术学院
刘月红　晋中职业技术学院
赵　娟　山西旅游职业学院
陈　炯　山西职业技术学院
陈怀玉　山西经贸职业学院
范文涵　山西财贸职业技术学院
郭长庚　许昌职业技术学院
许国强　湖南有色金属职业技术学院
孙　刚　南京信息职业技术学院
张雅珍　陕西工商职业学院
王国强　甘肃交通职业技术学院
周仲文　四川广播电视大学
杨志超　四川华新现代职业学院
董新民　安徽国际商务职业学院
谭维奇　安庆职业技术学院
张　燕　南开大学出版社

企业级卓越人才培养解决方案简介

  企业级卓越人才培养解决方案（以下简称"解决方案"）是面向我国职业教育量身定制的应用型、技术技能型人才培养解决方案，以教育部－滨海迅腾科技集团产学合作协同育人项目为依托，依靠集团研发实力，联合国内职业教育领域相关政策研究机构、行业、企业、职业院校共同研究与实践的科研成果。本解决方案坚持"创新校企融合协同育人，推进校企合作模式改革"的宗旨，消化吸收德国"双元制"应用型人才培养模式，深入践行"基于工作过程"的技术技能型人才培养，设立工程实践创新培养的企业化培养解决方案。在服务国家战略，京津冀教育协同发展、中国制造2025（工业信息化）等领域培养不同层次的技术技能人才，为推进我国实现教育现代化发挥积极作用。

  该解决方案由"初、中、高级工程师"三个阶段构成，包含技术技能人才培养方案、专业教程、课程标准、数字资源包（标准课程包、企业项目包）、考评体系、认证体系、教学管理体系、就业管理体系等于一体。采用校企融合、产学融合、师资融合的模式在高校内共建大数据学院、虚拟现实技术学院、电子商务学院、艺术设计学院、互联网学院、软件学院、智慧物流学院、智能制造学院、工程师培养基地的方式，开展"卓越工程师培养计划"，开设系列"卓越工程师班"，"将企业人才需求标准、工作流程、研发项目、考评体系、一线工程师、准职业人才培养体系、企业管理体系引进课堂"，充分发挥校企双方特长，推动校企、校际合作，促进区域优质资源共建共享，实现卓越人才培养目标，达到企业人才培养及招录的标准。本解决方案已在全国近几十所高校开始实施，目前已形成企业、高校、学生三方共赢格局。未来三年将在100所以上高校实施，实现每年培养学生规模达到五万人以上。

  天津滨海迅腾科技集团有限公司创建于2008年，是以IT产业为主导的高科技企业集团。集团业务范围已覆盖信息化集成、软件研发、职业教育、电子商务、互联网服务、生物科技、健康产业、日化产业等。集团以产业为背景，与高校共同开展产教融合、校企合作，培养了一批批互联网行业应用型技术人才，并吸纳大批毕业生加入集团，打造了以博士、硕士、企业一线工程师为主导的科研团队。集团先后荣获：天津市"五一"劳动奖状先进集体，天津市政府授予"AAA"级劳动关系和谐企业，天津市"文明单位"，天津市"工人先锋号"，天津市"青年文明号""功勋企业""科技小巨人企业""高科技型领军企业"等近百项荣誉。

前　言

随着大数据与人工智能的发展，Python 语言发展迅速。目前国内 Python 人才需求呈大规模上升趋势，薪资水平也水涨船高，但人才缺口巨大。Python 以其简洁的配置、良好的开放性以及灵活性，深受企业应用开发者的青睐，应用的性能、稳定性都有很好的保证。

本书共 14 章，前 12 章主要介绍 Python 基础知识，即从"Python 的安装及基础知识"→"Python 条件、循环语句、列表和函数"→"字符串、元组和字典"→"面向对象设计和异常处理"→"Python 文件读、写"→"图形用户界面"→"数据分析和可视化"→"数据库增、删、读和写"→"Python 网络编程"→"Web 应用"→"多线程和多进程"等多个方面介绍 Python 的使用。通过对 Python 的介绍，使学生掌握 Python 的安装和基本使用。后两章通过 Python 与桌面应用开发、网络爬虫等实际案例相结合，从而加深对 Python 的理解。本书在讲解知识点时，都以生活中最常用、使用最多的案例进行讲解，每个代码片段都有详细的注释和讲解。这种方式能够让读者在刚接触此技术或在了解其他编程的基础上，加深对 Python 的理解和学习。通过理论与实践相结合的方式学习，读者可以掌握 Python 的基本语法并能够制作出网络爬虫案例。

本书由李国燕、王奇志任主编，王磊、陈炯、康建萍、许晓莉、贾利娟、杨俊杰任副主编，李国燕和王奇志负责全书的内容设计与编排。具体分工如下：第 1 章至第 3 章由王奇志、王磊共同编写；第 4 章至第 7 章由陈炯、康建萍共同编写；第 8 章至第 11 章由许晓莉、贾利娟共同编写；第 12 章至第 14 章由杨俊杰编写。

本书既可作为高等院校本、专科计算机相关专业的程序设计教材，也可作为 Python 技术的培训用书。通过本书的学习，读者可以由浅入深地学习 Python 相关知识，在掌握理论知识的同时通过章节案例使读者对知识点的理解和掌握更加透彻，为以后相关学习和工作打下坚实的基础。

天津滨海迅腾科技集团有限公司
技术研发部

目　录

第 1 章　快速入门

本章开始 Python 语言的学习之旅，通过学习本章了解什么是 Python 语言、Python 编译环境的安装和相关模块导入及使用等基础知识，通过编写简易计算器了解 Python 的语法特性。

> 了解 Python 的基础知识。
> 熟悉 Python 的安装方法。
> 掌握 IDLE 中常用快捷键的使用。
> 熟悉常用的第三方库。
> 掌握常用的 pip 命令使用。

1.1　Python 简介

Python 是一门跨平台、开源、免费的解释型高级动态编程语言，1989 年由荷兰人 Guido van Rossum 发明，1991 年公开发行第一个版本。

Python 的解释器 CPython 和源代码遵循 GPL（GNU General Public License）协议，是纯粹的自由软件。Python 语法简洁清晰，语句缩进强制使用空白符（white space）。

Python 被称为胶水语言，因为它具有丰富和强大的第三方库。它能够把其他语言制作的各种模块（尤其是 C/C++）轻松地联系在一起。比如 3D 游戏中的图形渲染模块，性能要求特别高，就可以用 C/C++ 重写后，封装为 Python 可以调用的扩展类库。

2017 年 7 月 20 日，IEEE（美国电气和电子工程师协会）发布本年度编程语言排行榜，Python 高居首位。如图 1-1 所示。

目前，Python 已经全面普及，可以应用于众多领域，例如：网络服务、图像处理、数据分析、组件集成、数值计算和科学计算等领域。目前业内所有大中型互联网企业都在使用 Python，例如：Youtube、Dropbox、BT、Quora（中国知乎）、豆瓣、知乎、Google、Yahoo、Facebook、NASA、百度、腾讯、汽车之家、美团等。互联网公司广泛使用 Python 实现以下功能：自动化运维、自动化测试、大数据分析、爬虫等。

Language Rank	Types	Spectrum Ranking	
1. Python	🌐 🖥	100.0	
2. C	📱🖥▪	99.7	
3. Java	🌐📱🖥	99.5	
4. C++	📱🖥▪	97.1	
5. C#	🌐📱🖥	87.7	
6. R	🖥	87.7	
7. JavaScript	🌐📱	85.6	
8. PHP	🌐	81.2	
9. Go	🌐🖥	75.1	
10. Swift	📱🖥	73.7	

图 1-1　2017 年编程语言排行榜

下面就开始 Python 的学习之旅吧！

1.2　安装 Python

学习 Python 程序设计之前，需要安装一些必备的开发软件（本书使用的是 Windows 系统下 Python 3.6.4 版本）。下面简要的介绍如何下载安装 Python 开发环境。访问网址 https://www.python.org/downloads/ 下载安装 Python 最新版本。

简要介绍 Python 在不同的操作系统环境中的安装方法。

1.2.1　基于 Windows 环境下的安装方法

在 Windows 系统中安装 Python 开发环境，请参照以下步骤进行安装。

➢ 下载安装包：打开 Web 浏览器，访问 https://www.python.org/downloads/，选择 Windows 系统版本进行下载。如图 1-2、图 1-3 所示。

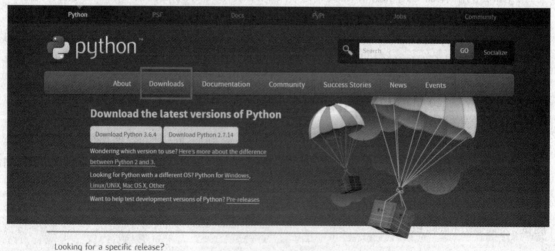

图 1-2　Python 下载首页

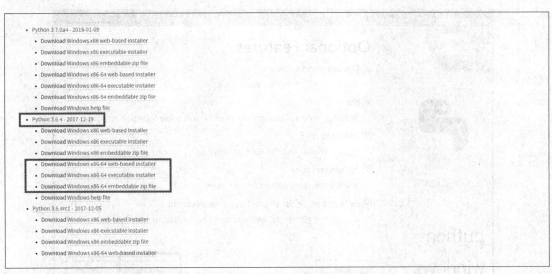

图 1-3　下载 Windows 版 Python3.6.4

➢ 安装：自定义安装路径。如图 1-4 到图 1-7 所示。

图 1-4　自定义安装 Python

图 1-5   安装默认模块

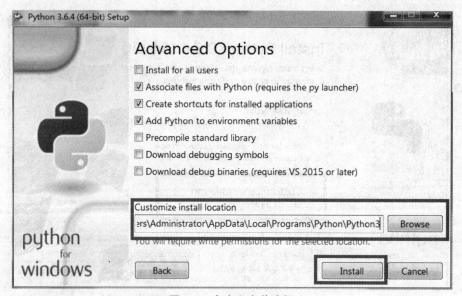

图 1-6   自定义安装路径

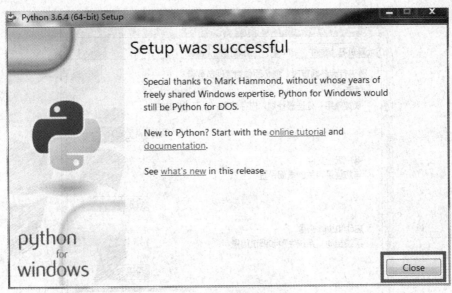

图 1-7 安装成功

➢ 配置环境变量:右键【计算机】→【属性】→【高级系统设置】→【高级】→【环境变量】
→找到【Path】→安装目录追加到【Python 变量值】中例如:(原来的值);E:\python36,需要注
意,前面有分号。如图 1-8 到图 1-10 所示。(注意若之前点击自动添加环境变量的选框,手动
添加环境变量的步骤可以跳过。)

图 1-8 打开高级系统设置

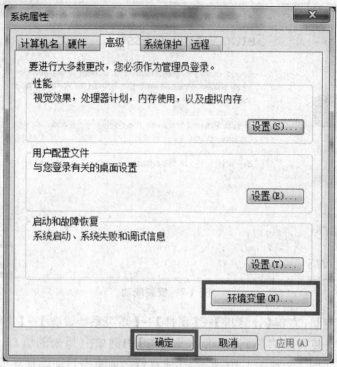

图 1-9   打开环境变量

图 1-10   配置环境变量

1.2.2   基于 Linux、UNIX 环境下的安装方法

一般 Linux、UNIX 的系统只要安装完毕，Python 解释器已经默认存在。在提示符下输入"python"命令进行验证。

通常默认的 Python 的版本比较低，所以需要下载安装现阶段新版本。请参照以下步骤进行安装。

➢ 利用 Linux 自带的下载工具 wget 下载源 tar 包。

```
#wget  https://www.python.org/ftp/python/3.6.4/
```

➢ 下载完成后到下载目录下进行解压。

```
tar  -xzvf  Python-3.6.4.tgz
```

➢ 进入解压缩后的文件夹。

```
cd  Python-3.6.4
```

➢ 编译前先在 /usr/local 建一个文件夹 python36（名称自定义），避免覆盖旧的版本。

```
mkdir /usr/local/python36
```

➢ 开始编译安装。

```
./configure --prefix=/usr/local/python36
make
make install
```

➢ 此时没有覆盖旧版本，再将原来 /usr/bin/python 链接重命名。

```
mv /usr/bin/python /usr/bin/python_old
```

➢ 建立新版本 Python 的链接。

```
ln -s /usr/local/python36/bin/python3.6 /usr/bin/python
```

➢ 最后在命令行中输入 python，就会显示出 Python 的新版本信息。

1.2.3　基于 Macintosh 环境下的安装方法

使用最新版的 Mac OS X 系统的苹果机，已经预先安装了 Python。打开终端输入 "python" 命令就可运行，准备更新 Python 版本，也要保留旧版本，因为操作系统要用到它。请参照以下步骤进行安装。

➢ 下载安装包：打开浏览器，访问 https://www.python.org/downloads/，选择 Mac OS X 系统版本进行下载。

➢ 安装：下载 ".dmg" 安装文件后，可能会自动挂载。如果没有，双击该文件，在已挂载的磁盘映像中可以找到安装文件 ".mpkg"，双击该文件就会打开安装向导，并完成所需步骤。

1.3　IDLE

IDLE 是 Python 的交互式解释器，也是开发 Python 程序的基本 IDE（集成开发环境）。它具备基本的 IDE 的功能，是非商业 Python 开发不错的选择。安装好 Python 后，IDLE 会自动安装。IDLE 的特点有语法标记明显、段落缩进整齐、文本编辑方便、TABLE 键控制和调试程序便捷等。

当启动 Python 时会出现和下图相似的提示。如图 1-11 所示。

```
Python 3.6.4 (v3.6.4:d48eceb, Dec 19 2017, 06:54:40) [MSC v.1900 64 bit (AMD64)]
on win32
Type "copyright", "credits" or "license()" for more information.
>>> |
```

图 1-11   Python 启动提示界面

图 1-11 是交互式 Python 解释器,根据提示信息看到解释器的版本是 Python 3.6.4,下面进行简单尝试。具体实现如下:

```
>>> print ("Hello,Python!")
# 按下回车后,就会得到输出:
Hello,Python!
>>>
```

知识拓展

"≥≥≥"号是提示符,在后面可以输入变量、表达式或语句。例如,输入 print ("Hello,Python!"),按下回车,Python 解释器会打印出"Hello,Python"字符串。

注意:如果熟悉其他的计算机编程语言,可能会习惯每行以分号结束。Python 则不用,如果喜欢的话可以加上分号,但是不会有任何作用,而且这也不是通行的做法。

需要提示信息,可以通过 help 指令查询提示信息,也可以通过使用键盘 F1 获得相关的 IDLE 的帮助信息。

1.4   Python 常用快捷键

在 IDLE 环境下,有许多方便操作的快捷键,除了撤销(Ctrl+Z)、全选(Ctrl+A)、复制(Ctrl+C)、粘贴(Ctrl+V)、剪切(Ctrl+X)等常规快捷键之外,还有许多特殊快捷键。如表 1-1 所示。

表 1-1   Python 常用快捷键

快捷键	功能说明
Alt+P	浏览历史命令(上一条)
Alt+N	浏览历史命令(下一条)
Ctrl+F6	重启 Shell,之前定义的对象和导入的模块全部失效
F1	打开 Python 帮助文档
Alt+/	自动补全前面曾经出现过的单词,如果之前有多个单词具有相同前缀,则在多个单词中循环选择
Ctrl+]	缩进代码块

续表

快捷键	功能说明
Ctrl+[	取消代码块缩进
Alt+3	注释代码块
Alt+4	取消代码块注释
Tab	补全单词

1.5　第三方库

如果强大的标准库奠定 Python 发展的基石,那么丰富的第三方库则是 Python 不断发展的保证。使用 pip 命令可以下载所需第三方库,实现库文件相应功能。下面列举一些 pip 工具常用命令。如表 1-2 所示。

表 1-2　pip 常用指令

pip 命令	说明
pip download SomePackage[==version]	下载扩展库的指定版本,不安装
pip freeze [> requirements.txt]	以 requirements 的格式列出已安装模块
pip list	列出当前已安装的所有模块
pip install SomePackage[==version]	在线安装 SomePackage 模块的指定版本
pip install SomePackage.whl	通过 whl 文件离线安装扩展库
pip install package1 package2	依次(在线)安装 package1、package2 等扩展模块
pip install -r requirements.txt	安装 requirements.txt 文件中指定的扩展库
pip install --upgrade SomePackage	升级 SomePackage 模块
pip uninstall SomePackage[==version]	卸载 SomePackage 模块的指定版本

快来扫一扫!

提示:扫描图中二维码,了解如何使用 pip 指令安装所需的第三方库。

1.6　项目案例：简易计算器

了解学习 Python 基础知识后，通过编写简易计算器应用项目快速进入 Python 世界。
本案例主要知识点如下：

➢ Python 程序的体系。

➢ 语句的分隔。

➢ 变量的定义和使用。

➢ 利用 input 输入。

➢ 利用 print 输出。

➢ 数据类型。

➢ 数字和字符串相互转换。

➢ 如何使用中文。

➢ 程序标记注释。

➢ 初步了解条件语句使用。

具体代码实现如 CORE0101 所示：

CORE0101 简易计算器

```
1   #_*_coding:utf-8_*_
2   #
3   #案例 1-1 简易计算器
4   #
5   num1=float(input("请输入第一个数字:"))
6   num2=float(input("请输入第二个数字:"))
7   flag=input("请输入运算类型：+（加）、-（减）、*（乘）、/（除）:")
8   if flag=='+':
9       buf=num1+num2
10  elif flag=='-':
11      buf=num1-num2
12  elif flag=='*':
13      buf=num1*num2
14  elif flag=='/':
15      if num2!=0:
16          buf=num1/num2
17      else:
18          buf=0
19          print("num2输入有误，分母不能为零！")
20  else:
21      buf=0
22      print("没有该运算！")
23  print("计算结果: "+str(buf))
```

代码解析如下：

简易计算器的代码非常简单，从编写函数的第 1 行开始执行，到最后一行结束，语句之间用"回车键"分隔。程序中用"#"标识程序注释。默认的情况下程序注释说明以及输出的字符串都是 ASCII 编码的英文，但是随着需求的提高，使用的语言越来越多，为了避免程序因无法识别输入的文字而报错，最好在程序开始使用"#_*_coding:utf-8_*_"指定编码方式。

第 5、6 行：定义两个变量 num1 和 num2，利用 input 函数接收键盘输入，并强制转换为 float（浮点型小数）。Python 和大多数编程语言一样，变量需要先定义再使用，但是它并不是显式的变量声明形式，而是以赋初值的方式完成声明。Python 的输入可以带一个文本提示，并且会自动识别需要的数据类型。input() 函数键盘输入后返回的数据是字符串类型，而想要实现四则运算必须是数字类型，所以需要强制转换为 float 型。

第 7 行：定义一个标志位变量 flag，接收键盘输入的加（+）、减（-）、乘（*）、除（/）运算符号，为接下来的条件判断提供依据。

第 8~23 行：该部分是简易计算器的核心部分，if 条件语句在后期章节再做详细介绍。根据第三行输入的 flag 的值，if 语句判断此时是加（+）、减（-）、乘（*）、除（/）运算中的哪种运算，如果符合，就输出相对应的结果。如果输入的不是（+）、减（-）、乘（*）、除（/）运算中任何一个运算符号，提示输出"没有该运算！"。需要注意，在进行除法运算时，分母不能为零，所以当分母为零时，就提示"num2 输入有误，分母不能为零！"。

程序运行结果，如图 1-12 所示。

图 1-12　简易计算器运行效果图

提示：扫描图中二维码，了解更多
Python相关知识。

1.7　小结

本章主要学习知识点如下：

➢ **Python 基础知识。**Python 是一门跨平台、开源、免费的解释型高级动态编程语言，具有丰富和强大的库。

➢ **Python 安装方法。**

➢ **IDLE 开发环境的使用。**

➢ **Python 快捷键的使用。**

➢ **Python 第三方库。**"pip install 库文件名"（导入第三方库）、"pip uninstall 库文件名"（卸载第三方库）和"pip install- -upgrade 库文件名"（更新第三方库）是最常用的命令。

1.8　练习一

一、选择题

1. 在 IDLE 交互模式中,浏览上一条语句的快捷键是（　　）。

（A）Alt+P　　　　　（B）Alt+N　　　（C）Alt+/　　　　（D）F1

2. Python 安装扩展库常用的是（　　）工具。

（A）IDLE　　　　　（B）pip install　　（C）pip　　　　　（D）pip download

3. Python 源代码程序编译后的文件扩展名为（　　）。

（A）py　　　　　　（B）pyw　　　　　（C）pyc　　　　　（D）exe

4. 使用 pip 工具查看当前已安装 Python 扩展库列表的完整命令是（　　）。

（A）pip install –upgrade　　　　　（B）pip install –r

（C）pip download　　　　　　　　（D）pip list

5. 下列不是 IDLE 特点的是（　　）。

（A）TABLE 键控制　　　　　　　（B）语法标记明显

（C）段落缩进整齐　　　　　　　　（D）自动换行

二、选择题

1. Python 是一种 _____、_____、_____ 的高级动态编程语言。

2. Python 程序文件扩展名主要有 _____ 和 _____ 两种，其中后者常用于 GUI 程序。

3. 使用 pip 工具升级科学计算扩展库 numpy 的完整命令是 _____。

4. 在 Python 中 _____ 表示空类型。

5. 为了提高 Python 代码运行速度和进行适当的保密，可以将 Python 程序文件编译为扩展名 _____ 的文件。

三、编程题

1. 任意输入三角形底和高，求三角形面积。

2. 打印楼梯，同时在楼梯上方打印两个圆点，具体效果如图 1-13 所示。

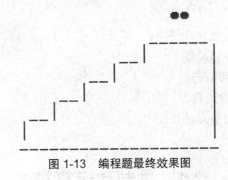

图 1-13　编程题最终效果图

第 2 章　Python 基本语法

通过本章案例的学习，了解 Python 的数字、运算符、变量使用、表达式、语法、内建函数和字符串的基本使用，熟悉 Python 编程的规范要求，掌握字符串的使用。结合本章，可以在 IDLE 中一试身手。

➢ 了解数字和运算符的概念和使用。
➢ 熟悉变量的使用和存储机制。
➢ 掌握 Python 表达式和语句。
➢ 掌握 Python 常用内建函数。
➢ 掌握字符串的性质和基本操作。

2.1　进制和运算符

最简单的 Python 表达式是由一些数字或数字、运算符组合而成，相同的数字可以用不同的进制方式表达，下面简单学习进制的使用。

2.1.1　进制

Python 中整数类型可以表示为多进制的形式，具体可分为：
➢ 二进制整数：用数字 0、1 来表示整数，必须以 0b 开头。例如 0b101、0b100 等。
➢ 八进制整数：只需要 8 个数字 0、1、2、3、4、5、6、7 来表示整数，必须以 0o 开头。例如 0o27、0o34 等。
➢ 十进制整数：用 10 个数字 0、1、2、3、4、5、6、7、8、9 来表示。例如 0、-1、9、123 等。
➢ 十六进制整数：用 16 个数字 0、1、2、3、4、5、6、7、8、9、a、b、c、d、e、f 来表示整数，必须以 0x 开头。例如 0x14、0xea、0xcdef 等。
在 Python 中写入二进制、八进制和十六进制数字按回车键后，都会默认输出为十进制。

```
>>> 0xabcdef
11259375
>>> 0b1011001
89
>>> 0o5674
3004
>>> 4545
4545
```

2.1.2 运算符

IDLE（Python 交互式解释器）可以作为计算器使用。

```
>>> 2323*45446464
105572135872
>>> 2323*454545/23232-54545
-9094.413094008261
```

需要注意，Python 的除法和其他编程语言除法的区别。在 Python 语言中，除法可以保留小数位（Python 3.0 版本之后）。

例如，在 Python 中 5/3=1.6666666666666667，而在 C、Java 等语言中 5/3=1。具体实现如下：

```
>>> 5/3
1.6666666666666667
```

那么 Python 是否可以整除呢？当然可以。Python 提供一种实现整除的操作："//"（双斜线）。具体实现如下：

```
>>> 5//3
1
```

即使是浮点型也会整除。具体实现如下：

```
>>> 5.0//3.0
1.0
```

此时在程序中添加了一个幂运算符（乘方运算符，相当于 pow() 内置函数）。具体实现如下：

```
>>> 2**5   # 相当于 pow(2,5)
32
>>> -2**5   # 相当于 -pow(2,5)
-32
```

　　计算 2**5 相当于 2 的 5 次幂。需要注意,幂运算是双目运算符(二元运算符),但是它的优先级比取反运算符(一元运算符)要高。

　　下面列举出常用的的运算符。如表 2-1 所示。

表 2-1　常用运算符

运算符	功能说明
+	算术加法,列表、元组、字符串合并与连接,正号
-	算术减法,集合差集,相反数
*	算术乘法,序列重复
/	真除法
//	求整商,但如果操作数中有实数的话,结果为实数形式的整数
%	求余数,字符串格式化
**	幂运算
<、<=、>、>=、==、!=	(值)大小比较,集合的包含关系比较
or	逻辑或
and	逻辑与
not	逻辑非
in	成员测试
is	对象同一性测试,即测试是否为同一个对象或内存地址是否相同
|、^、&、<<、>>、~	位或、位异或、位与、左移位、右移位、位求反
&、|、^	集合交集、并集、对称差集
@	矩阵相乘运算符

2.2　变量

　　Python 的变量操作简单易用,不需要事先声明变量名及其类型,直接赋值即可创建各种类型的对象变量。

　　例如,创建变量。具体实现如下:

```
>>> x = 3
```

代码解析：创建整型（int）变量 x，并赋值为 3。

```
>>> x = 'Hello Pyhton!'
```

代码解析：创建字符串变量 x，并赋值为"Hello Python!"。

在定义变量名的时候，需要注意以下问题：

➤ 变量名必须以字母或下划线开头，但以下划线开头的变量在 Python 中有特殊含义。

➤ 变量名中不能有空格以及标点符号（括号、引号、逗号、斜线、反斜线、冒号、句号、问号等）。

➤ 不能使用关键字作变量名，可以导入 keyword 模块后使用 print(keyword.kwlist) 查看所有 Python 关键字。

➤ 不建议使用系统内置的模块名、类型名或函数名、已导入的模块名及其成员名作为变量名，这将会改变其类型和含义。可以通过 dir(__builtins__) 查看所有内置模块、类型和函数。

➤ 变量名对英文字母的大小写敏感，例如 student 和 Student 是不同的变量。

➤ 变量命名要顾名思义。

Python 属于强类型编程语言，Python 解释器会根据赋值或运算来自动推断变量类型。Python 是一种动态类型语言，变量的类型也是可以随时变化。具体实现如下：

```
>>> x = 3
>>> print(type(x))
<class 'int'>
>>> x = 'Hello world.'
>>> print(type(x))              # 查看变量类型
<class 'str'>
>>> x = [1,2,3]
>>> print(type(x))
<class 'list'>
>>> isinstance(3, int)          # 测试对象是否是某个类型的实例
True
>>> isinstance('Hello world', str)
True
```

Python 使用基于值的内存管理方式，为不同变量赋相同值，这个值在内存中只有一份，多个变量指向同一块内存地址。

```
>>> x = 3
>>> id(x)  # 查看内存地址
10417624
>>> y = 3
>>> id(y)
10417624
>>> x = [1, 1, 1, 1]
>>> id(x[0]) == id(x[1])
True
```

知识拓展

    Python 具有自动内存管理功能,对于没有任何变量指向的值,Python 自动将其删除。Python 会跟踪所有的值,并自动删除不再有变量指向的值。因此,Python 程序员一般情况下不需要考虑太多内存管理的问题。尽管如此,显式使用"del"命令删除不需要的值或显式关闭不再需要访问的资源,仍是一个好的习惯,同时也是一个优秀程序员的基本素养之一。

2.3 表达式和语句区别

    通过 2.1、2.2 的学习主要讲解 Python 的表达式,那么语句是什么呢? 其实已经接触过 Python 的部分语句使用,例如: input 语句、print 语句、赋值语句和 if 语句等。那么表达式和语句有什么区别呢? 在 C、Java 等其他编程语言中,表达式和语句的最大区别就是是否带分号";"(语句结束符),而在 Python 中并非如此。具体实现如下:

```
>>> 2*3      # 表达式
6
>>> print(2*3)  # 输出语句
6
```

    代码解析:发现运行结果是一样的,主要原因是 Python IDLE 总是将表达式的值打印出来。

    是否还有不输出结果的方式呢? 例如以下操作:

```
>>> x=5 # 赋值语句
>>>
```

    在输入 x=5 后,只出现新的提示符。因为语句不是表达式,所以没有值可供 IDLE(交互式解释器)打印出来。

2.4　内建函数

函数类似于程序集合，每个模块可以实现特定功能。Python 有许多内建函数，内建函数不需要导入任何模块即可使用。

执行以下命令：

```
>>> dir(__builtins__)
```

可以列出所有内置函数。具体使用如图 2-1 所示：

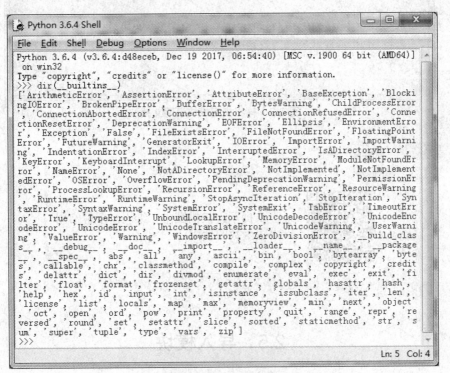

图 2-1　输出内建函数

执行以下命令：

```
>>> help()
```

切换到"help"帮助模式，输入模块或内建函数名，获取该模块或函数的使用说明文档。具体效果如图 2-2 所示。

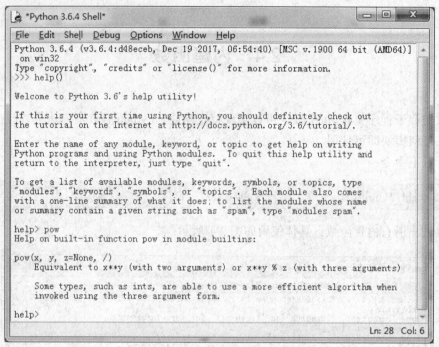

图 2-2　输出指定模块说明文档

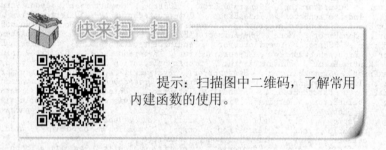

提示：扫描图中二维码，了解常用
内建函数的使用。

2.5　导入模块

在 Python 中，可以将模块理解成导入 Python 程序中，用来增强程序功能的拓展，此时需要用"import"命令进行导入。

例如，求 0.2 的正弦值，此时需要导入"math"数学函数。具体实现如下：

```
>>> import math
>>> math.sin(0.2)
0.19866933079506122
```

另一种方法：from 模块名 import 对象名，这种导入方式可以减少查询次数，提高执行速度。具体实现如下：

```
>>> from math import sin
>>> sin(0.2)
0.19866933079506122
```

或者使用以下方式：

```
>>> from math import *
>>> sin(0.2)
0.19866933079506122
```

from 模块名 import 对象名，对象名可以是某一具体对象，也可以用星号"*"代替。星号"*"代表导入的是模块中任意对象。

知识拓展

如果需要导入多个模块，建议按以下优先顺序进行导入：

➢ 标准库。

➢ 成熟的第三方扩展库。

➢ 用户自定义开发的库。

2.6　字符串

在 Python 中，用单引号、双引号或三引号括起来的符号系列称为字符串，并且单引号、双引号、三单引号、三双引号可以互相嵌套，用来表示复杂字符串。

例如：'abc'、'123'、' 中国 '、"Python"、'''Tom said, "Let's go"''' 等。

2.6.1　字符串拼接

字符串使用"+"号进行连接。具体实现如下：

```
>>> "abc"+"def"
'abcdef'
```

还有更简单的方式。具体实现如下：

```
>>> "12345"'abcde'
'12345abcde'
```

只需要用"+"号连接的方式，Python 就会自动将若干个字符串合并成一个字符串。

2.6.2 转义字符

有时字符串的输出并不是理想结果，例如，想输出字符串 'Let's go'。具体实现如下：

```
>>> 'Let's go'
SyntaxError: invalid syntax
```

此时解释器直接报错，因为解释器不知道如何处理字符"′s"，此时需要换一种输出方式。具体实现如下：

```
>>> 'Let\'s go'
"Let's go"
```

这样操作就可以实现理想结果，上述代码中字符串"\"叫作转义字符。

下面列举一些常用的转义字符。如表 2-2 所示

表 2-2   常用转义字符

转义字符	含义
\b	退格，把光标移动到前一列位置
\f	换页符
\n	换行符
\r	回车
\t	水平制表符
\v	垂直制表符
\\	一个斜线 \
\'	单引号 '
\"	双引号 "
\ooo	3 位八进制数对应的字符
\xhh	2 位十六进制数对应的字符
\uhhhh	4 位十六进制数表示的 Unicode 字符

转义字符用法举例。具体实现如下：

```
>>> print('Hello\nWorld')              # 包含转义字符的字符串
Hello
World
>>> print('\101')                      # 三位八进制数对应的字符
A
>>> print('\x41')                      # 两位十六进制数对应的字符
A
```

2.6.3　原始字符串

原始字符串对反斜杠不会特殊对待,在某些特殊情况下非常适用。例如,需要输出 DOS 路径"C:\Windows\npython.exe"。具体实现如下:

```
>>> path = 'C:\Windows\npython.exe'
>>> print(path)                        # 字符 \n 被转义为换行符
C:\Windows
python.exe
```

此时输出结果并不是理想结果,所以需要用原始字符串进行编写。具体实现如下:

```
>>> path = r' C:\Windows\npython.exe '  # 原始字符串,任何字符都不转义
>>> print(path)
C:\Windows\npython.exe
```

字符串界定符前面加字母"r"表示原始字符串,它的作用是使字符串中的特殊字符不进行转义,但字符串中最后一个字符不能是"\"。原始字符串常应用于正则表达式、文件路径或者 URL 等场合。

2.7　Python 代码规范

良好的编程习惯不仅可以增强代码的可读性,利于代码移植复用,还可以避免语法错误的发生。下面简要讲解 Python 的代码规范。

2.7.1　缩进

合理的代码缩进不仅可以提高代码的美观性和可读性,还便于排查程序错误。Python 代码缩进规范要求如下:

➢ 在类定义、函数定义、选择结构和循环结构中,行尾的冒号表示缩进的开始。
➢ Python 程序是依靠代码块的缩进来体现代码之间的逻辑关系的,缩进结束就表示一个

代码块结束。

> 同一个级别的代码块的缩进量必须相同。
> 通常以 4 个空格为基本缩进单位。

2.7.2 注释

一个良好的、可读性强的程序一般包含 30% 以上的注释。为代码添加通俗易懂的注释是每一位程序员必备的编程素养之一。良好的程序注释极大提高程序的可读性，方便读者的程序阅读和移植。Python 代码注释规范有两种方式，要求如下：

> 以 # 开始，表示本行 # 之后的内容为注释。
> 包含在一对三引号 '''...''' 或 """...""" 之间且不属于任何语句的内容将被解释器认为是注释。

知识拓展

Python 语言其他规范要求如下：

> 每个 import 只导入一个模块。
> 如果一行语句太长，可以在行尾加上 \ 来换行分成多行，但是更建议使用括号来包含多行内容。
> 必要的空格与空行
● 运算符两侧、逗号后面建议增加一个空格。
● 不同功能的代码块之间、不同的函数定义之间建议增加一个空行以增加可读性。
> 适当使用异常处理结构进行容错（后面将详细讲解）。
> 软件应具有较强的可测试性，测试与开发齐头并进。

2.8 小结

本章主要学习知识点如下：

> 进制。Python 使用"0b"开头表示二进制，"0o"开头表示八进制，"0x"开头表示十六进制。
> 变量。Python 变量使用前无需定义，通过赋值的方式来定义变量类型，例如，x=3，变量 x 就是整数类型。
> 变量内存机制。Python 采用的是基于值的内存管理方式，如果为不同变量赋值为相同值，这个值在内存中只有一份，多个变量指向同一块内存地址。
> 表达式。表达式就是某件事情。例如，1+1 是表达式，表示数值 2。通常最简单的表达式是数字或数字、运算符的组合而成，例如，2+2*3-7。表达式也可以包含变量。
> 语句。语句就是告诉计算机做某件事情。例如，输出语句"print()"、输入语句"input()"或开方语句"pow()"等。
> 内建函数和模块。Python 将某些功能以函数或模块的形式进行封装，无需编写，直接

通过调用 Python 自带的内建函数或导入相应的模块可以实现相对应的功能。

➢ 字符串。简单讲解字符串的性质和运用。

2.9　练习二

一、选择题

1. 查看变量类型的 Python 内置函数是（　　）。

（A）id()　　　　　　　（B）type()　　　　（C）dir()　　　　　（D）help()

2. 查看变量内存地址的 Python 内置函数是（　　）。

（A）id()　　　　　　　（B）type()　　　　（C）dir()　　　　　（D）help()

3. Python 运算符中用来计算整除的是（　　）。

（A）/　　　　　　　　（B）%　　　　　　（C）//　　　　　　　（D）^

4. 已知 x = 3，那么执行语句 x += 6 之后，x 的值为（　　）。

（A）3　　　　　　　　（B）-3　　　　　　（C）9　　　　　　　（D）6

5. 下列不是 Python 代码规范要求的是（　　）。

（A）合理的代码缩进　　　　　　　（B）为代码添加通俗易懂的注释

（C）import 一次导入多个模块　　　（D）以 4 个空格为基本缩进单位

二、填空题

1. 使用运算符测试集合包含集合 A 是否为集合 B 的真子集的表达式可以写作 _____。

2. 语句 x = 3==5 执行结束后，变量 x 的值为 _____。

3. 已知 x = 3，并且 id(x) 的返回值为 496103280，那么执行语句 x += 6 之后，表达式 id(x) == 496103280 的值为 _____。

4. 已知 x = 3，那么执行语句 x *= 6 之后，x 的值为 _____。

5. Python 运算符中用来计算集合并集的是 _____。

三、编程题

1. 输入一个三位自然数，计算并输出其百位、十位和个位上的数字。

2. 任意输入三个英文单词，按字典顺序输出。

3. 已知三角形的两边长及其夹角，求第三边长。

第3章 条件、循环语句、列表和函数

本章学习 Python 的数据结构、列表和函数。在 Python 编程的过程中常用到三种数据结构：顺序结构、分支结构和循环结构。之前章节中程序设计使用的都是顺序结构，也就是程序都是自上到下执行的，这样的运行结构有时并不能达到理想结果。例如，想实现逻辑分析，此时就需要使用分支结构或者循环结构。程序代码过于冗长时，可读性和移植性就会变差，此时需要使用函数对程序代码进行结构化的梳理。

➢ 掌握条件语句的性质和使用方法。
➢ 掌握循环语句的性质和使用方法。
➢ 掌握列表的属性和常用方法。
➢ 掌握函数的定义和使用方法。

3.1 条件语句

条件语句属于分支结构，掌握条件语句使用方式，可以选择让程序执行指定的代码块。

条件语句有三种形式结构，具体如下：

1."if" 语句结构

> if 表达式 A:
>   语句块 A

在"if"语句结构中，表达式 A 确定程序的执行流程。当表达式 A 为真时（也就是布尔值为 True），则执语句块 A；当表达式 A 为假时（也就是布尔值为 Flase），则不执行语句块 A。需要注意，表达式 A 后面的冒号":"不能省略，语句块 A 需要注意缩进的格式。

2."if...else..."语句结构

```
if 表达式 A:
    语句块 A
else
    语句块 B
```

在"if...else..."语句结构中,若表达式 A 为真,则执行语句块 A,否则就会执行语句块 B。

3."if...elif...else"语句结构

```
if 表达式 A:
    语句块 A
elif 表达式 B:
    语句块 B
… … 其他的 elif 语句块
else:
    语句块 C
```

在"if...elif...else"语句结构中,若表达式 A 为真,则执行语句块 A。若表达式 B 为真,则执行语句块 B。均不满足时,会执行语句块 C。需要注意,elif 语句可以有多个。

通过面试资格确认应用案例,讲解"if"语句的基本使用。具体实现如 CORE0301 所示:

```
CORE0301 面试资格确认

#_*_coding:utf-8_*_
#
#      面试资格确认
#
age=24
subject=" 计算机 "
college=" 非重点 "
if (age > 25 and subject==" 电子信息工程 ") or \
    (college==" 重点 " and subject==" 电子信息工程 " ) or \
    (age<=28 and subject==" 计算机 "):
    print(" 恭喜,你已获得我公司的面试机会 !")
else:
    print(" 抱歉,你未达到面试要求 ")
```

代码解析:通过条件语句简单模拟面试资格的确认,当面试者年龄大于 25 岁并且专业是电子信息工程,或是重点学校并且专业是电子信息工程,或者年龄小于 28 岁并且是计算机专业的人员可以通过公司面试,否则未达到公司面试要求。具体效果如图 3-1 所示。

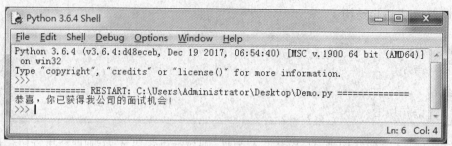

图 3-1   面试资格确认效果图

3.2   循环语句

掌握条件语句后,发现当条件为真或假时,将执行对应语句块,但是怎样才能重复执行多次呢? 此时需要使用循环语句。循环语句属于循环结构,需要重复执行语句块时必须要用到它。循环语句结构有"while"循环和"for"循环,具体形式结构如下:

1. while 循环

> while 表达式 A:
>   循环语句块

在"while"循环中,当表达式 A 为真时(也就是布尔值为 True),则会一直执循环语句块;当表达式 A 为假时(也就是布尔值为 Flase),则会不执行或者会跳出 while 循环。需要注意,表达式 A 后面的冒号":"不能省略,语句块 A 要注意缩进的格式。

通过应用案例讲解"while"循环语句的基本使用。具体实现如 CORE0302 所示。

> CORE0302 求 100 以内的自然数的和
>
> ```python
> #_*_coding:utf-8_*_
> #
> #       求 100 以内的自然数的和
> #
> sum1=0
> cou=1
> while cou<100:
>     sum1+=cou
>     cou+=1
> print("100 以内的自然数的和为 :"+str(sum1))
> ```

代码解析:使用"while"循环语句求 100 以内的自然数累加和。具体效果如图 3-2 所示。

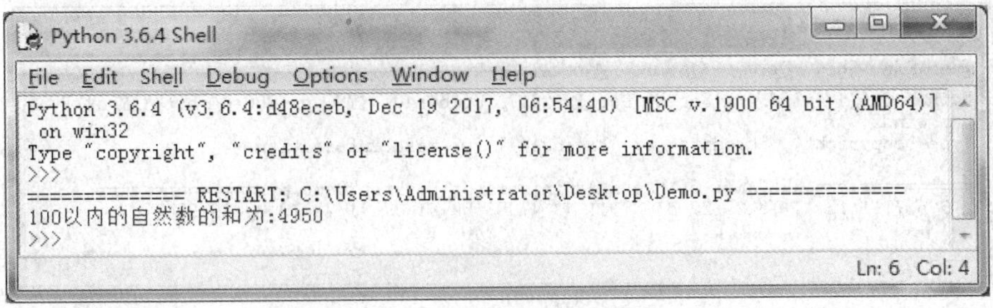

图 3-2　100 以内的自然数和

2. for 循环

> for 取值 in 序列或迭代对象：
>   语句块

在 for 循环中，可遍历一个序列或迭代对象的所有元素。具体实现如下：

> for i in range(M, N)：
>   循环语句块

函数 range(M，N) 会生成一个 M 到（N-1）个数字列表，for 循环就会循环 N-1-M 次，循环语句块会执行 N-1-M 次。

通过应用案例讲解"for"循环语句的基本使用。具体实现如 CORE0303 所示。

CORE0303 计算 100 以内的所有素数

```
#_*_coding:utf-8_*_
#
#    计算 100 以内的所有素数
#
for n in range(1, 100):
    for i in range(2, n):
        if n%i == 0:
            break
    else:
      if n!=1:
        print(n, end=' ')
```

　　代码解析：使用"for"循环语句计算 100 以内所有的素数。素数也叫做质数，是大于 1 并且只能被 1 和数值本身整除的数。程序中使用"break"语句，"break"语句在"while"循环和"for"循环语句中均可使用，通常放置在"if"选择结构中。当"break"语句被执行时，整个循环提前结束。具体效果如图 3-3 所示。

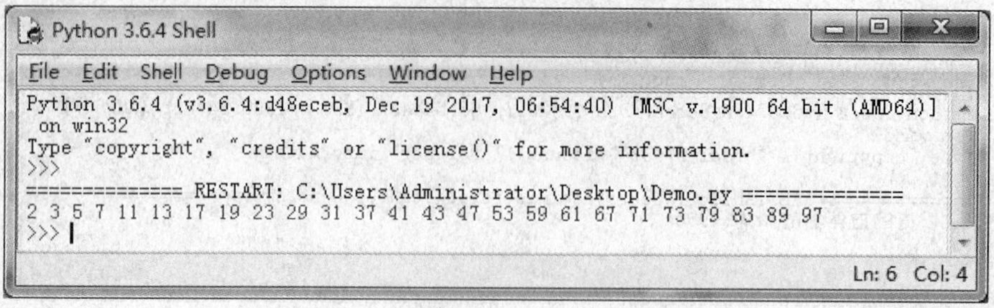

图 3-3　求 100 以内的所有素数

知识拓展

　　"continue"语句和"break"语句功能相似。"continue"语句的作用是终止当前循环,并忽略"continue"之后的语句,然后回到循环的语句块起始位置,提前进入下一次循环,而"break"将使得整个循环结束。实质上"continue"结束本次循环,"break"结束本层循环。

3.3　列表

　　学习列表相关知识之前需要理解容器的概念。容器是 Python 中一种数据结构,容器基本上包含其他对象的任意对象。序列(列表、元组和字符串)和映射(字典)是两类主要的容器。序列中的每个元素都有对应编号,映射中每个元素有对应的键。需要注意,集合既不是序列也不是映射的容器类型。

　　列表是 Python 中内置的有序可变序列,列表所有元素放置于一对中括号"[]"中,并使用逗号分隔开。Python 有很多方式进行列表操作,下面分别进行举例说明。

3.3.1　基本操作

　　学习"list"列表函数的应用。具体实现如下:

```
>>> list("Hello,Python!")
['H', 'e', 'l', 'l', 'o', ',', 'P', 'y', 't', 'h', 'o', 'n', '!']
```

　　在 IDLE 中输入 list("Hello,Python!") 后,点击回车键输出 ['H', 'e', 'l', 'l', 'o', ',', 'P', 'y', 't', 'h', 'o', 'n', '!']。此时 "Hello,Python!" 字符串转换为列表。

　　学习列表的基本操作,详细如下。

1. 列表初始化

初始化空列表,具体实现如下:

```
>>> num=[]
>>> num
[]
```

初始化长度为 10 的列表，具体实现如下：

```
>>> num=[None]*10
>>> num
[None, None, None, None, None, None, None, None, None, None]
```

"None"是 Python 的内建值，它的意义就是"空"什么都没有。用数字"[None]"乘以"10"（序列）会产生一个新的序列，原来的序列会被重复 10 次。

2. 元素赋值

```
>>> x=[1,2,3,4]
>>> x[2]=5
>>> x
[1, 2, 5, 4]
```

因为列表是可变序列，所以可以对某一位的元素进行单独赋值。需要注意，不能为一个不存在的元素赋值。例如，列表长度是 10，就不能为索引为 9 以上的元素进行赋值。

3. 元素分片赋值

分片赋值是列表非常强大的特性，输入指定的索引，可以分片为多个元素赋值，更加方便进行列表赋值。具体实现如下：

```
>>> buf=list("Hello,Python!")
>>> buf[6:]=list("Word!")
>>> buf
['H', 'e', 'l', 'l', 'o', ',', 'W', 'o', 'r', 'd', '!']
```

可以使用不替换任何元素分片插入的方式。具体实现如下：

```
>>> num=[1,5]
>>> num[1:1]=[2,3,4]
>>> num
[1, 2, 3, 4, 5]
```

4. 删除元素

从列表中删除元素，使用"del"语句选择指定元素的索引进行删除操作。具体实现如下：

```
>>> city=[" 北京 "," 天津 "," 上海 "," 广东 "]
>>> del city[2]
>>> city
[' 北京 ',' 天津 ',' 广东 ']
```

使用"del"语句删除元素"上海"。当列表元素增加或删除时,列表对象自动进行扩展或收缩内存,保证元素之间没有缝隙。

3.3.2 常用方法

方法是一个与某些对象有密切联系的函数。方法的调用格式如下:

对象 . 方法(参数)

列举常用的方法,如表 3-1 所示。

表 3-1 列表常用方法

方法	说明
lst.append(x)	将元素 x 添加至列表 lst 尾部
lst.extend(L)	将列表 L 中所有元素添加至列表 lst 尾部
lst.insert(index, x)	在列表 lst 指定位置 index 处添加元素 x,该位置后面的所有元素后移一个位置
lst.remove(x)	在列表 lst 中删除首次出现的指定元素,该元素之后的所有元素前移一个位置
lst.pop([index])	删除并返回列表 lst 中下标为 index(默认为 -1)的元素
lst.clear()	删除列表 lst 中所有元素,但保留列表对象
lst.index(x)	返回列表 lst 中第一个值为 x 的元素的下标,若不存在值为 x 的元素则抛出异常
lst.count(x)	返回指定元素 x 在列表 lst 中的出现次数
lst.reverse()	对列表 lst 所有元素进行逆序
lst.sort(key=None, reverse=False)	对列表 lst 中的元素进行排序, key 用来指定排序依据, reverse 决定升序(False)还是降序(True)
lst.copy()	返回列表 lst 的浅复制

以下简要讲解列表常用方法的使用:

1. append() 方法

```
>>> num=[3,4,5,7]
>>> num.append(10)
>>> num
[3, 4, 5, 7, 10]
```

使用列表对象的"append()"方法,可以实现在列表尾部添加元素,类似于"+"号作用,但是相比"+"号处理速度更快。

2. extend() 方法

```
>>> num=[3,4,5]
>>> num.extend([7,8,9])
>>> num
[3,4, 5, 7, 8, 9]
```

使用列表对象的"extend()"方法,可以实现将另一个迭代对象的所有元素添加至该列表对象尾部。

3. insert() 方法

```
>>> num=[3,4,5,7,8,9]
>>> num.insert(3,6)     # 在索引为 3 的位置插入元素 6
>>> num
[3,4,5,6, 7, 8, 9]
```

使用列表对象的"insert()"方法,可以实现将元素添加至列表的指定位置。

4. pop() 方法

```
>>>num = list((3,5,7,9,11))
>>> num.pop()
11
>>> num
[3, 5, 7, 9]
>>> num.pop(1)
>>> num
[3, 7, 9]
```

使用列表对象的"pop()"方法,可以实现删除并返回指定(默认为最后一个)位置上的元素,若给定的索引超出了列表的范围则抛出异常。

5. sort() 方法

```
>>> num=[3,4,9,10,8,5]
>>> num.sort()
>>> num
[3, 4, 5, 8, 9, 10]
```

使用列表对象的"sort()"方法可以实现列表升序排序。

3.3.3　常用函数

列表中有许多实用的内置函数,常用内置函数如下:

➢ len(列表名):返回列表中的元素个数,同样适用于元组、字典、集合、字符串等。

➢ max(列表名)、min(列表名):返回列表中的最大或最小元素,同样适用于元组、字典、集合和"range"对象等。

➢ sum(列表名):对列表的元素进行求和运算,对非数值型列表运算需要指定"start"参数,同样适用于元组、"range"。

下面讲解列表中常用内置函数的相关使用。具体实现如下:

```
>>> len(list("Hello,Python!"))          # 计算长度
13
>>> num=[1,2,3,4,5,6,7]
>>> max(num)                 # 最大值
7
>>> min(num)                 # 最小值
1
>>> sum([1,2,3,4])   # 求和
10
```

3.4　自定义函数

之前章节中编写的程序代码量比较少,而在实际的项目开发中代码量是十分巨大的,如果依旧使用之前的编程方式就比较麻烦。为优化程序结构,增强程序的可读性,提高代码的复用性,此时需要使用函数。

3.4.1　创建函数

创建函数使用"def"语句,使用格式如下:

```
def 函数名 ( 参数列表 ):
    函数体
```

具体实现如下：

```
>>> def output():
    print("Hello,Python!")
```

使用"def"语句创建名称为"output"的函数，如同调用内置函数一样调用自定义函数。具体实现如下：

```
>>> output()
Hello,Python!
```

当"output()"函数被调用时就会执行函数语句块："print("Hello,Python!")"，输出"Hello, Python!"。

在此基础上修改程序创建带返回值的函数，此时需要使用关键字"return"。具体实现如下：

```
>>> def string():
    return "Hello,Python!"
>>> str1=string()
>>> print(str1)
Hello,Python!
```

当调用"string()"函数时，该函数将"Hello,Python!"字符串返回并赋值给了变量"str1"，并交给"print()"方法执行输出操作。

知识拓展

一般情况下为了增强程序的可读性，提高代码复用性，需要在函数开始部分添加相对应的注释说明，而且程序的命名要顾名思义。需要注意，函数命名可以是字母、数字、下划线，但是不能以数字开头，不能是关键字。

3.4.2 参数

调用函数时可以通过传参的方式修改函数内部的变量值，此时需要创建带参数的函数。具体实现如下：

```
>>> def num(var1,var2):
    sum1=var1+var2
    return sum1
>>> buf=num(3,4)
>>> print(buf)
7
```

代码解析：创建带两个参数的函数"num()"，调用该方法时，将实参"3"和"4"分别传递给形参"var1"和"var2"，在该方法语句块中进行加法运算并使用"return"语句返回计算的结果给变量"buf"，最后将结果输出。

知识拓展

➢ 实参：就是函数调用时传递的参数。

➢ 形参：就是函数被调用时用来接收实参值的变量（可以理解为定义函数时的参数）。

➢ 局部变量：变量在函数内部定义就是局部变量。局部变量的作用域（使用范围）仅仅在本函数内部。

➢ 全局变量：不属于任何函数的变量就是全局变量。全局变量的作用域是指在定义位置以下所有语句中都可生效。当局部变量和全局变量命名相同时，全局变量无效。

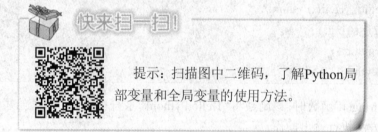

提示：扫描图中二维码，了解Python局部变量和全局变量的使用方法。

3-4-3　递归

之前章节中已经讲解函数的定义和调用，接下来讲解函数递归操作。递归就是函数自己调用自己，以下为递归的使用方法。具体实现如 CORE0304 所示。

```
CORE0304 计算 10 的阶乘
#_*_coding:utf-8_*_
#
#        计算 10 的阶乘
#
def fun(num):
    if num==1:
```

```
            return 1
        else:
            return num*fun(num-1)
    print("10 的阶乘为 :"+str(fun(10)))
```

代码解析:计算 10 的阶乘就是计算 10*9*8*7*6*5*4*3*2*1。在该代码中"fun( )"函数一直在逐级调用本函数,这就是递归。当"num==1"时停止调用,"return"语句逐级返回数值,最后输出。具体效果如图 3-4 所示。

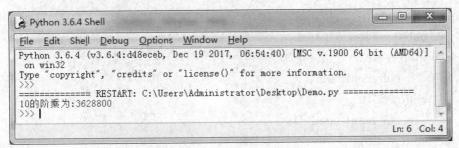

图 3-4　求 10 的阶乘

3.5　项目案例:简易计算器结构化修改

通过本章知识点的学习,将第一章简易计算器的程序进行结构化修改。
本案例主要知识点如下:
➢ while 语句使用。
➢ 条件语句嵌套使用。
➢ 函数调用。
➢ return 关键字使用。
具体代码实现如 CORE0305 所示。

CORE0305 简易计算器结构化修改

```
#_*_coding:utf-8_*_
#
#    案例 3-1:简易计算器结构化修改
#        参考代码
def init():
    """
        初始化函数
    """
```

```python
        var1=float(input(" 请输入第一个数字:"))
        var2=float(input(" 请输入第二个数字:"))
        Symbol=input(" 请输入运算类型:+( 加 )、-（减）、*（乘）、/（除）:")
        str2=operation(var1,var2,Symbol)
        print(str2)
def operation(num1,num2,op):
    """
        运算函数
    """
    buf=0
    if(op=='+'):
        buf=num1+num2
    elif(op=='-'):
        buf=num1-num2
    elif(op=='*'):
        buf=num1*num2
    elif(op=='/'):
        if(num2!=0):
            buf=num1/num2
        else:
            return "num2 输入有误,分母不能为零！"
    else:
        return " 没有该运算！"
    return " 计算结果:"+str(buf)
def judge():
    """
        判断是否循环运算函数
    """
    str3=input(" 是否继续计算？【Y/N】:")
    if str3=="Y"or str3=="y":
        flag=1
    elif str3=="N"or str3=="n":
        flag=2
    else:
        flag=3
    return flag
if __name__=="__main__":
    """"""
```

```
    程序开始
    """
    flag=1
    while True:
        if flag==1:
            init()
        elif flag==2:
            print(" 计算结束！ ")
            break
        else:
            print(" 输入有误，请重新输入！ ")
        flag=judge()
```

代码解析如下：

通过对简易计算器程序进行结构化修改，使程序结构更有条理。之前章节中程序都是自上到下运行的，本程序使用"if＿＿name＿＿=="＿＿main＿＿":"语句。该语句的作用相当于 C 语言中的"main()"函数，是程序的入口，本段代码就是从这条语句开始运行。"while True："语句将"while"语句块中的内容无限执行，判断每次执行是否需要继续执行程序，这样更符合实际应用中的操作行为。"init()"函数的主要功能是初始化程序相关的变量，输出提示语句，获取输入信息。"operation()"函数是自定义函数，所有的计算过程都在该函数中进行，在该函数中通过"return"语句将数值返回，"judge()"函数的主要功能是判断是否继续计算操作。

程序运行结果，如图 3-5 所示。

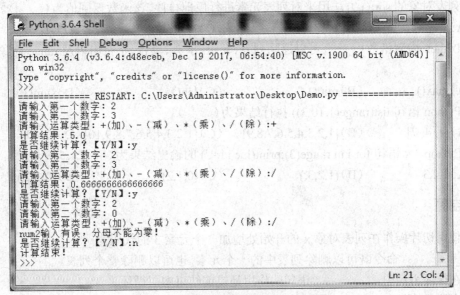

图 3-5　简易计算器结构化修改效果图

3.6　小结

本章主要学习知识点如下：

➢ 条件语句。条件语句属于选择分支结构，"if"语句结构、"if...else..."语句结构和"if...elif...else"语句结构是可以嵌套组合的。

➢ 循环语句。循环语句属于循环结构，通常知道循环的次数使用"for"循环结构，不知道循环的次数使用"while"循环结构。

➢ 中止循环语句。continue 结束本次循环，break 结束本层循环。

➢ 列表。列表常用的属性、方法和函数的使用。

➢ 自定义函数。函数的定义和使用。

3.7　练习三

一、选择题

1. 表达式"[3] in [1, 2, 3, 4]"的值为（　　　）。

（A）3　　　　　　（B）[3]　　　　　　（C）True　　　　　　（D）False

2. 列表对象的 sort() 方法用来对列表元素进行原地排序，该函数返回值为（　　　）。

（A）1　　　　　　（B）0　　　　　　（C）None　　　　　　（D）-1

3. Python 内置函数（　　　）可以返回列表、元组、字典、集合、字符串以及 range 对象中元素个数。

（A）max()　　　　（B）min()　　　　（C）len()　　　　（D）sum()

4. Python 语句 list(range(1,10,3)) 执行结果为（　　　）。

（A）[1, 4, 7]　　（B）[1,2,3,4,5,6,7,8,9]　　（C）[1,2,3,4,5,6,7,8,9,10]（D）[7,4,1]

5. Python 3.x 语句 for i in range(3):print(i, end=',') 的输出结果为（　　　）。

（A）1,2,3　　　　（B）(1,2,3,)　　　　（C）(0,1,2)　　　　（D）(0,1,2,)

二、填空题

1. 使用切片操作在列表对象 x 的开始处增加一个元素 3 的代码为 ＿＿＿＿＿＿＿＿ 。

2. ＿＿＿＿＿＿＿＿ 命令既可以删除列表中的一个元素，也可以删除整个列表。

3. 在循环语句中，＿＿＿＿＿＿＿＿ 语句的作用是提前结束本层循环。

4. 表达式 'The first:{1}, the second is {0}'.format(65,97) 的值为 ＿＿＿＿＿＿＿＿ 。

5. 已知 x = [1, 2, 3, 2, 3]，执行语句 x.remove(2) 之后，x 的值为 ＿＿＿＿＿＿＿＿ 。

三、编程题

1. 输入若干个数，求所有数的平均值。每输入一个数后询问是否继续输入下一个数，回答"yes"就继续输入下一个数，回答"no"就停止输入数。

2. 编写程序，输出由 1、2、3、4 这四个数字组成的每位数都不相同的所有三位数。

3. 计算小于 500 的最大素数。

4. 输出"水仙花数"。所谓水仙花数是指 1 个 3 位的十进制数，其各位数字的立方和等于该数本身。例如：153 是水仙花数，因为 $153 = 1^3 + 5^3 + 3^3$。

5. 编写函数，接收整数参数 X，返回斐波那契数列中大于 X 的第一个数。

第4章 字符串、元组和字典

本章将学习字符串的高级应用。通过学习字符串格式化和字符串常用方法以及元组和字典的相关方法，掌握字符串、元组和字典的相关操作和应用。

 学习目标

➢ 掌握字符串格式化的使用。
➢ 掌握字符串常用方法。
➢ 掌握使用正则表达式进行数据清洗。
➢ 掌握元组的特性和使用。
➢ 掌握字典的特性和使用。

4.1 字符串

最开始的字符串编码是美国标准信息交换码（ASCII），它采用 1 个字节对字符进行编码，最多只能表示 256 个符号（10 个数字、26 个大写英文字母、26 个小写英文字母及一些其他符号）。随着信息技术的发展和信息交互的需要，各国的文字都需要进行编码，不同的应用领域和场合对字符串编码的要求也略有不同，此时又分别设计多种不同的编码格式。常见的主要有 UTF-8、UTF-16、UTF-32、GB2312、GBK、CP936、base64、CP437 等，Python3.X 默认编码格式是 UTF-8。

4.1.1 字符串格式化

在 Python 编程中，字符串输入与输出可以使用字符串格式化的方式进行操作。在特殊应用场合中，字符串格式化可以巧妙运用。
例如：

```
>>> print("The num is %d"%42)
The num is 42
```

代码解析：和之前章中程序的区别是程序不直接输出某个变量，而是在打印输出的同时进

行赋值。这就是字符串格式化和普通字符串输出的主要区别。

那么如何使用字符串格式化呢？需要先了解字串格式化的转换格式。使用格式如下：

> % [Flags][Width].[Precision]Type

说明：

➤ "%"：是转换说明符的开始。

➤ "Flags"：（可选项）可供选择的值有：

● "+"：正数前加正号，负数前加负号。

● "-"：左对齐。

● " "：正数前加空格。

● "0"：位数不够用"0"填充空。

➤ "Width"：（可选项）字段占有宽度。

➤ ".Precision"：（可选项）精度，小数点后保留的位数。

➤ "Type"：转换类型（表 4-1）。

表 4-1　字符串转换类型

格式字符	说明
%b	二进制整数
%d	有符号十进制整数
%u	无符号十进制整数
%o	无符号八进制整数
%x	无符号十六进制整数
%e	科学计数法指数（小写）
%E	科学计数法指数（大写）
%f、%F	十进制浮点数
%g	指数 (e) 或浮点数（根据显示长度）
%G	指数 (E) 或浮点数（根据显示长度）
%c	字符
%s	字符串（采用 str() 转换）
%r	字符串（采用 repr() 转换）

讲解字符串格式化的转换格式及相应的含义后。具体实现如下：

```
>>> num=3438
>>> buf="%o"%num
>>> buf
'6556'
```

```
>>> buf="%X"%num
>>> buf
'D6E'
>>> buf="%f"%num/345
>>> buf="%f"%(num/345)
>>> buf
'9.965217'
>>> buf="%e"%(num/345)
>>> buf
'9.965217e+00'
```

代码解析：使用字符串格式化实现不同类型的转换，"num=3438"是十进制数值，使用字符串格式化，将变量"num"转换为八进制、十六进制、浮点数或科学计数法等类型。

4.1.2 字符串方法

本节讲解常用的字符串方法。

1. find() 方法

"find()"方法用于在一个字符串中查找另一个字符串。存在该字符串则返回存在位置的索引，不存在则返回数值 -1。具体实现如下：

```
>>> str1="Hello Python I like you"
>>> str1.find("like")
15
```

需要注意，"find()"方法只会返回第一次被查找到的索引，即使后面还有相同的字符串，也不会被查找到。

2. count() 方法

"count()"方法用于返回一个字符串在另一个字符串中出现的次数。具体实现如下：

```
>>> str1="Hello World, Hello Python."
>>> str1.count("Hello")
2
```

3. split() 方法

"split()"方法用于以指定字符为分隔符，将字符串分割成多个字符串，并返回包含分割结果的列表。具体实现如下：

```
>>> str1="1+2+3+4+5+6+7"
>>> str1.split("+")
['1', '2', '3', '4', '5', '6', '7']
```

4. join() 方法

"join()"方法是"split()"方法的逆运算。用于指定字符为分隔符,将多个子字符串连接成一个字符串。具体实现如下:

```
>>> str1=["1","2","3","4","5","6","7"]
>>> sep="+"
>>> sep.join(str1)
'1+2+3+4+5+6+7'
```

5. replace() 方法

"replace()"方法用于将字符串 A 替换为字符串 B。具体实现如下:

```
>>> str1="Hello,Python!"
>>> str1.replace("Python","World")
'Hello,World!'
```

6. strip() 方法

"strip()"方法用于移除首尾字符串中的空格或指定字符。具体实现如下:

```
>>> str1="000000Hello World000000"
>>> str1.strip('0');   # 去除首尾字符 0
'Hello World'
```

提示:扫描图中二维码,了解更多字符串方法的使用。

4.2　正则表达式

许多程序设计语言都支持正则表达式进行字符串操作。正则表达式是字符串处理的有力技术,通常被用来检索、替换那些符合某个规则的文本等。例如,网络爬虫、文稿整理或数据筛选等。在 Python 中提供了"re"模块来支持正则表达式。

　　正则表达式在匹配文本内容时有两种匹配模式。一种是贪婪模式,尽可能地匹配更多的内容;另一种是非贪婪模式,总是尝试匹配尽可能少的字符。例如,原始字符串为"abcdefg",使用正则表达式"adc.*?"匹配,使用贪婪模式可能将找到"abcdefghi",而使用非贪婪模式查找就有可能找到"abcd"。Python 中数量词默认使用贪婪模式。

　　学习正则表达式的基础性知识:正则表达式常用语法和"re"模块的常用方法。如表 4-2 和表 4-3 所示。

表 4-2　正则表达式常用语法

格式字符	说明
.	除换行符以外的任意单个字符
\w	匹配单词字符,即 [a-zA-Z0-9]
\W	匹配非单词字符集,例如 '*'
\d	匹配数字,即 [0-9]
\D	匹配非数字
\s	匹配空白字符
\S	匹配非空白字符
*	匹配前一个字符 0 次或者任意多次
+	匹配前一个字符 1 次或者任意多次
?	匹配前一个字符 0 次或者 1 次
{m}	匹配前一个字符 m 次
{m,n}	匹配前一个字符最少 m 次,最多 n 次
*?	非贪婪模式匹配前一个字符 0 次或者任意多次
+?	非贪婪模式匹配前一个字符 1 次或者任意多次
??	非贪婪模式匹配前一个字符 0 次或者 1 次
{m,n}?	非贪婪模式匹配前一个字符最少 m 次,最多 n 次
^	匹配字符串开头
$	匹配字符串结尾
\A	制定的字符串匹配必须出现在开头
\Z	制定的字符串匹配必须出现在结尾
|	匹配左右任意一个表达式,相当于"或"的含义
()	匹配一个分组,括号中为该分组所需匹配的内容
\<number>	引用匹配编号为 <number> 的分组中的字符串
(?P<group_name>)	为匹配分组制定特定的组名
(?P=<group_name>)	引用特定组名的匹配字符串

　　使用合适的正则表达式语法进行数据清洗,可以快速便利地筛选出所需的数据信息。

快来扫一扫！

提示：扫描图中二维码，查看更多正
则表达式语法。

表 4-3　re 模块常用方法

方法	功能说明
compile(pattern[, flags])	创建模式对象
escape(string)	将字符串中所有特殊正则表达式字符转义
match(pattern, string[, flags])	从字符串的开始处匹配模式，返回 match 对象或 None
search(pattern, string[, flags])	在整个字符串中寻找模式，返回 match 对象或 None
sub(pat, repl, string[, count=0])	将字符串中所有与 pat 匹配的项用 repl 替换，返回新字符串，repl 可以是字符串或返回字符串的可调用对象，该可调用对象作用于每个匹配的 match 对象
findall(pattern, string[, flags])	返回包含字符串中所有与给定模式匹配的项的列表
finditer(pattern, string, flags=0)	返回包含所有匹配项的迭代对象，其中每个匹配项都是 match 对象
fullmatch(pattern, string, flags=0)	尝试把模式作用于整个字符串，返回 match 对象或 None
purge()	清空正则表达式缓存
split(pattern, string[, maxsplit=0])	根据模式匹配项分隔字符串
subn(pat, repl, string[, count=0])	将字符串中所有 pat 的匹配项用 repl 替换，返回包含新字符串和替换次数的二元元组，repl 可以是字符串或返回字符串的可调用对象，该可调用对象作用于每个匹配的 match 对象

知识拓展

"compile()"方法的使用格式如下：

re.compile(strPattern[, flag])

➢ "strPattern"：正则表达式。

➢ "flag"：匹配模式：

● "re.I(re.IGNORECASE)"：忽略大小写。

● "re.M(MULTILINE)"：多行模式，改变 '^' 和 '$' 的行为。

● "re.S(DOTALL)"：任意匹配模式，改变 '.' 的行为。

● "re.L(LOCALE)"：使预定字符类 \w、\W、\b、\B、\s、\S 取决于当前区域设定。

● "re.U(UNICODE)"：使预定字符类 \w、\W、\b、\B、\s、\S、\d、\D 取决于 unicode 定义的字符属性。

● "re.X(VERBOSE)"：详细模式。该模式下正则表达式可以是多行，忽略空白字符，并可以加入注释。

4.2.1 match() 方法匹配

使用"match()"方法匹配。具体实现如 CORE0401 所示。

```
CORE0401 match() 方法匹配

import re
# 将正则表达式编译成 pattern 对象
pattern = re.compile(r'Hello')
# 使用 pattern 匹配文本，获得匹配结果，无法匹配时将返回 None
match = pattern.match('Hello Python')
# 判断是否匹配到信息
if match:
    # 使用 match 获得分组信息
    print (match.group())
```

代码解析：导入正则表达式"re"模块，调用"compile()"方法将字符串形式的正则表达式编译为"pattern"对象，调用"match()"方法进行正则匹配，最后判断是否匹配到数据，如果匹配到对应的数据就进行输出显示。具体效果如图 4-1 所示。

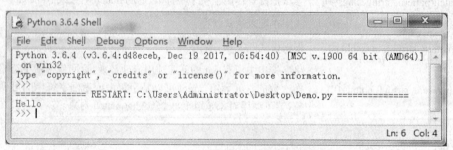

图 4-1　match( ) 方法匹配

代码 CORE0401 实质上并未使用到正则表达式语法，下面将代码进行修改。具体实现如 CORE0402 所示。

```
CORE0402 match() 方法正则表达式匹配

import re
# 使用正则表达式匹配文本，获得匹配结果，无法匹配时将返回 None
match = re.match(r'(.*)Python','Hello Python',re.S)
# 判断是否匹配到信息
if match:
    # 使用 Match 获得分组信息
```

```
print (match.group()) # 输出符合匹配要求的所有匹配项
print (match.group(1)) # 输出符合匹配要求的特定项
```

代码解析：直接调用"match()"方法，使用正则表达式语法以"."匹配除换行符以外的任意单个字符开头，"*"匹配前一个字符 0 次或者任意多次并且后面跟随着字符串"Python'"的字符串。输出匹配结果"group()"就是"group(0)"输出符合匹配要求的所有匹配项"Hello Python"，"group(1)"输出符合正则表达式匹配要求的特定项"Hello"。具体效果如图 4-2 所示。

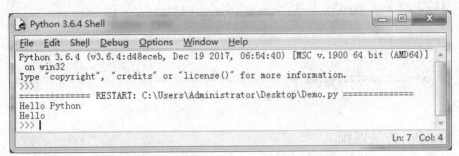

图 4-2　match() 方法正则表达式匹配

4.2.2　search() 方法匹配

"match()"方法检查仅匹配字符串的开头。例如，"Hello Python"字符串想匹配输出"Python"字符串使用"match()"方法就比较复杂，此时需要使用"search()"方法。"search()"方法可以检查字符串中任何位置的匹配。具体实现如 CORE0403 所示。

CORE0403 search( ) 方法匹配

```
import re
# 使用正则表达式匹配文本,获得匹配结果,无法匹配时将返回 None
match1 = re.search(r'is(.*)learn','Life is too short, I learn Python',re.S)
match2 = re.match(r'is(.*)learn','Life is too short, I learn Python',re.S)
# 判断是否匹配到信息
if match1:
    print (match1.group()) # 输出符合匹配要求的所有匹配项
    print (match1.group(1)) # 输出符合匹配要求的特定项
else:
    print("match1 None!")
if match2:
    print (match2.group()) # 输出符合匹配要求的所有匹配项
    print (match2.group(1)) # 输出符合匹配要求的特定项
else:
    print("match2 None!")
```

代码解析：分别调用"search()"方法和"match()"方法进行匹配，匹配"Life is too short, I learn Python"中以字符串"is"开始"learn"结束的任意长度字符串，结果发现"search()"方法可以正确匹配，"match()"方法因为仅能匹配字符串的开头，所以匹配失败。具体效果如图 4-3 所示。

```
Python 3.6.4 Shell

File  Edit  Shell  Debug  Options  Window  Help
Python 3.6.4 (v3.6.4:d48eceb, Dec 19 2017, 06:54:40) [MSC v.1900 64 bit (AMD64)]
 on win32
Type "copyright", "credits" or "license()" for more information.
>>>
=============== RESTART: C:\Users\Administrator\Desktop\Demo.py ===============
is too short, I learn
 too short, I
match2 None!
>>>

                                                                    Ln: 8  Col: 4
```

图 4-3　search() 方法匹配

4.2.3　findall() 方法匹配

"match()"和"search()"正则匹配方法虽然可以匹配出所需的信息，但是需要对大量的数据进行匹配分析处理就不够方便。此时可以使用"findall()"方法，它将查找到的所有符合正则表达式的字符串以列表形式返回。具体实现如 CORE0404 所示。

CORE0404 findall() 方法匹配
import re num=re.findall(r'\d','one1two2three3four4') print(num)

代码解析：调用"findall()"方法，查找"one1two2three3four4"字符串中所有的数字，并以列表的形式输出。具体效果如图 4-4 所示。

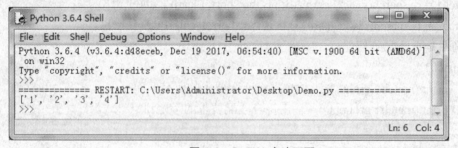

```
Python 3.6.4 Shell

File  Edit  Shell  Debug  Options  Window  Help
Python 3.6.4 (v3.6.4:d48eceb, Dec 19 2017, 06:54:40) [MSC v.1900 64 bit (AMD64)]
 on win32
Type "copyright", "credits" or "license()" for more information.
>>>
=============== RESTART: C:\Users\Administrator\Desktop\Demo.py ===============
['1', '2', '3', '4']
>>>

                                                                    Ln: 6  Col: 4
```

图 4-4　findll( ) 方法匹配

4.2.4　sub() 方法匹配

"match()"、"search()"和"findall()"正则表达式的方法主要实现数据的匹配，下面讲解不仅可以查找匹配数据，还可以将匹配的数据进行替换的"sub()"方法。具体实现如 CORE0405

所示。

CORE0405 sub() 方法匹配

```
import re
phone = "2018-01-01-9527 # This is Phone Number"
# 将 '#' 号以后的数据用 " 替换
num = re.sub(r'#.*$', "", phone)
print ("Phone Num : ", num)
# 将所有的非数字数据用 " 替换
num = re.sub(r'\D', "", phone)
print ("Phone Num : ", num)
```

代码解析：创建"sub()"方法，匹配字符串变量"phone"中"#"号以后的数据使用空值替换，相当于删除操作，然后输出显示。将字符串变量"phone"中所有的非数字数据删除，输出显示。具体效果如图 4-5 所示。

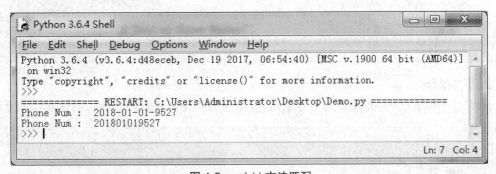

图 4-5　sub( ) 方法匹配

4.3　元组

元组和列表操作类似，但是元组属于不可变序列，元组创建后只可以元素覆盖不可以修改元素。元组的定义方式和列表相同，但定义时所有元素是放在一对圆括号"( )"中，用逗号","分隔元素值。具体实现如下：

```
>>> 1,2,3
(1, 2, 3)
>>> (1,2,3)
(1, 2, 3)
```

需要注意，只有一个值的元组操作。具体实现如下：

```
>>> 5
5
>>> (5)
5
>>> 5,
(5,)
>>> (5,)
(5,)
```

代码解析：输入数值"5"或"（5）"，输出结果都是数值"5"，而输入数值"5,"或"(5,)"，输出结果就是元组类型"(5,)"，可见逗号在元组中是十分重要的。

1. tuple() 函数

tuple() 函数的功能就是将其他类型的序列转换为元组类型。具体实现如下：

```
>>> tuple("123")
('1', '2', '3')
>>> tuple([1,2,3])
(1, 2, 3)
```

2. 基本操作

元组是不可变序列，并没有太多方法操作，常用的就是分片查询功能。具体实现如下：

```
>>> x=1,2,3,4
>>> x[:3]
(1, 2, 3)
>>> x[2]
3
```

4.4　字典

字典是可变序列，是一种映射类型，字典中的键可以为任意不可变数据，比如整数、实数、复数、字符串、元组等。

4.4.1　字典的基本操作

1. 创建字典

定义字典时，每个元素的键和值用冒号分隔，元素之间用逗号分隔，所有的元素放在一对大括号"{ }"中。具体实现如下：

```
>>> name_id={"Liang":"0001","Ran":"0002","Jie":"0003"}
```

2. dict() 函数

dict() 函数可以将其他映射对序列转化为字典。具体实现如下：

```
>>> students=dict(name="jie",age=23)
>>> students
{'name': 'jie', 'age': 23}
```

将程序代码换种表达方式。具体实现如下：

```
>>> students=[("name","jie"),("age",23)]
>>> dict(students)
{'name': 'jie', 'age': 23}
```

3. 读取字典元素

读取字典中的某个元素的键值对。具体实现如下：

```
>>> students=[("name","jie"),("age",23)]
>>> dict(students)
{'name': 'jie', 'age': 23}
>>> students['name']
'jie'
```

需要读取所有的键值对列表就要使用"items()"方法。具体实现如下：

```
>>> students=dict(name="jie",age=23)
>>> for item in students.items():
        print(item)
('name', 'jie')
('age', 23)
```

4. 添加和修改字典元素

添加和修改字典元素比较简单。具体实现如下：

```
>>> students=dict(name="jie",age=23)
>>> students["id"]=9527
>>> students
{'id': 9527, 'name': 'jie', 'age': 23}
```

添加新元素时，即使该元素的"键"不存在也可以直接创建使用并赋值。具体实现如下：

```
>>> students["age"]=30
>>> students
{'id': 9527, 'name': 'jie', 'age': 30}
```

字典元素的修改是通过选定某个元素的"键"后直接赋值可以实现。

4.4.2　字典方法

字典有许多实用方法,常用的字典方法如下:

1. clear() 方法

"clear()"方法用于清除字典的所有项,使内容为空。具体实现如下:

```
>>> students={"id":9527,"name":"jie","age":23}
>>> students
{'id': 9527, 'name': 'jie', 'age': 23}
>>> students.clear()
>>> students
{}
```

2. copy() 方法

"copy()"方法用于复制旧键值并返回一个具有相同键值的新字典。具体实现如下:

```
>>> students1={"id":9527,"name":"jie","age":23}
>>> students2=students1.copy()
>>> students2
{'id': 9527, 'name': 'jie', 'age': 23}
```

3. get() 方法

"get()"方法用于更宽松地读取字典元素。具体实现如下:

```
>>> students={"id":9527,"name":"jie","age":23}
>>> students["gender"]        # 没有"gender"键访问报错
Traceback (most recent call last):
  File "<pyshell#116>", line 1, in <module>
    students["gender"]
KeyError: 'gender'
>>> print(students.get("gender"))  # get( ) 方法进行访问
None
```

当访问字典的键值不存在时,使用之前的方式就会报错,但是使用"get()"方法即使该键值不存在也会显示为"None"空值并不会报错。很明显"get()"方法更安全。

4. fromkeys() 方法

"fromkeys()"方法用于给键建立新的字典。具体实现如下：

```
>>> students={}
>>> students.fromkeys(["id","name","are"])
{'id': None, 'name': None, 'are': None}
```

当建立成功后，键对应的值默认为"None"空值。

5. pop() 方法

"pop()"方法用于获取对应键的值，并将这个键值对从字典中移除。具体实现如下：

```
>>> students={"id":9527,"name":"jie","age":23}
>>> students.pop("id")
9527
>>> students
{'name': 'jie', 'age': 23}
```

本章简要讲解以上字典常用的方法，之后章节再结合具体案例讲解更多字典方法的使用。

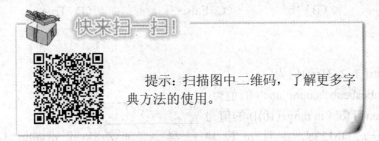

提示：扫描图中二维码，了解更多字典方法的使用。

4.5 小结

本章主要学习知识点如下：

➤ 字符串格式化。字符串格式化可以使字符串操作更加灵活，同样可以对不同数值类型进行类型转换。

➤ 字符串常用方法。熟练使用字符串方法，可以极大提高编程效率。

➤ 正则表达式。正则表达式是字符串处理的有力工具和技术，通常被用来检索、替换那些符合某个规则的文本，比如，网络爬虫、文稿整理或数据筛选等。

➤ 元组。元组属于不可变序列，元组创建后只可以元素覆盖不可以修改元素。定义只有一个元素的元组必须要在元素后面添加","逗号。

➤ 字典常用方法。字典属于可变序列，采用"键值对"的形式存储数据。

4.6　练习四

一、选择题

1. 表达式 'abcabcabc'.count('abc') 的值为（　　　）。

（A）1　　　　　　　　（B）2　　　　　　　（C）3　　　　　　　　　（D）6

2. 表达式 '%d,%c' % (65, 65) 的值为（　　　）。

（A）65,65　　　　　　（B）65,A　　　　　　（C）A,65　　　　　　　（D）A,A

3. 表达式 re.split('\.+', 'alpha.beta...gamma..delta') 的值为（　　　）。

（A）['a','b','g','d']　　　　　　　（B）['alpha', 'beta', '.','gamma', 'delta']

（C）None　　　　　　　　　　　　（D）['alpha', 'beta', 'gamma', 'delta']

4. 已知 x = (3,)，那么表达式 x * 3 的值为（　　　）。

（A）9　　　　　　　　（B）(9,)　　　　　　（C）(3,3,3)　　　　　　（D）(3,3,3,)

5. 已知 x = {'a':'b', 'c':'d'}，那么表达式 'a' in x 的值为（　）。

（A）'a'　　　　　　　（B）'b'　　　　　　　（C）False　　　　　　　（D）True

二、填空题

1. 表达式 str([1, 2, 3]) 的值为 ＿＿＿＿＿＿＿＿＿＿＿。

2. 表达式 'abcabcabc'.count('abc') 的值为 ＿＿＿＿＿＿＿＿＿＿。

3. 表达式 len([i for i in range(10)]) 的值为 ＿＿＿＿＿＿＿＿＿＿。

4. 已知 x='a234b123c'，并且 re 模块已导入，则表达式 re.split('\d+',x) 的值为 ＿＿＿＿＿＿＿＿＿＿。

5. 在设计正则表达式时，字符 ＿＿＿＿＿＿＿＿＿＿ 紧随任何其他限定符 (*、+、?、{n}、{n,}、{n,m}) 之后时，匹配模式是"非贪婪的"，匹配搜索到的、尽可能短的字符串。

三、编程题

1. 建立函数，接收字符串参数，返回一个元组，其中第一个元素为大写字母个数，第二个元素为小写字母个数。

2. 建立函数，接收两个正整数作为参数，返回一个元组，其中第一个元素为最大公约数，第二个元素为最小公倍数。

3. 建立函数，接收任意多个实数，返回一个元组，其中第一个元素为所有参数的平均值，其他元素为所有参数中大于平均值的实数。

4. 建立函数，查找一个字符串中最长的数字子串。

第5章 面向对象设计和异常处理

通过创建自定义函数使程序结构上更加合理。但在实际开发中,程序代码量是非常大的。为了提高开发效率,降低开发成本,提高团队协同工作的水平和能力,就不能仅依靠面向过程的编程方式,而是要采用面向对象的编程方式。本章将学习一种全新的编程思维:面向对象编程,并会学到类的相关操作以及 Python 异常处理机制的相关使用。

➢ 了解面向对象的内涵。
➢ 了解面向对象编程和面向过程编程的区别。
➢ 掌握类的创建和特性。
➢ 掌握方法的特性。
➢ 掌握异常处理机制。

5.1 对象

面向对象编程(Object Oriented Programming, OOP)是一种软件设计方法。随着科技水平的发展,软件编程的代码量日益增加,面向对象编程应运而生。面向对象编程主要针对大型软件设计而提出,它使得软件设计更加灵活,相对于面向过程编程来讲,能够更好地支持代码复用和设计复用,并且使得代码具有很好的可读性和扩展性。

在面向对象编程中,对象可以当成数据及一些可以存取或操作数据方法的集合。对象主要有以下三个特点:

➢ 封装性:实现对象信息隐蔽,利用接口隐蔽对象内部的工作细节。
➢ 继承性:实质上就是通过建立专门的类来实现数据共享。
➢ 多态性:不同类的对象使用相同的操作可以得到不同的执行结果。
下面简要学习这三个特点,具体如下:

1. 封装性

封装性主要体现为程序在运行的过程中隐藏对象实现的具体细节。通俗地讲,可以把封装性理解为一个盒子,把某些功能和组件放在这个盒子里,盒子有一个开口,当要去实现具体功能时直接调用即可。假设盒子内有个组件 A（私有）而盒子外也有个组件 A（公有），那么实现 A 这个组件功能时，通过构造方法可以使用盒子内 A 组件（私有）的功能，而盒子外 A 组件（公有）的功能也可以直接调用，这种特性存储不会因为变量或方法名的相同而混淆。

2. 继承性

继承性主要体现在代码的复用上。假设类 A 具有功能 a 的作用，类 B 具有功能 b 的作用，此时需要自定义一个新类 C 并且具有 a 和 b 的功能，将类 A 和类 B 的代码直接粘贴过来就显得过于繁琐，此时就可以利用子类继承父类的方式，实现代码复用。

3. 多态性

多态性主要体现在当不知道变量的类型时，依旧可以进行相关操作。通俗地讲，就是父类中的某个方法被子类重写时，可以各自有不同的执行方式，程序会根据对象类型的不同而做出不同的运算。

5.2　类

5.2.1　什么是类

类（Class）是面向对象编程（OOP，Object-Oriented Programming）实现数据封装的基础。例如，"鸟"就是一个类，燕子、喜鹊、老鹰等都是属于"鸟"这个类当中的具体实例（具体某件事物）。可以把"鸟"看作所有鸟的集合，同样的"鸟"也属于"动物"这个行列，还可以把"鸟"看作"动物"的子集，而"动物"是"鸟"的超类。

5.2.2　创建自定义类

Python 使用"class"关键字定义类，"class"关键字之后是一个空格，然后是类的名称，接着是一个冒号，最后换行并定义类的语句块实现。具体实现如下：

```
>>> class Name:
    def init(self):
        print("My name is Li Hua!")
```

代码解析："Name"就是自定义类名，"init"是类中的方法。需要注意，"init"不再是函数，"self"参数就是方法和函数的区别，方法中必须要带"self"参数。

定义类之后，就可以实例化对象，通过"对象名.方法名"的形式来访问类中的成员变量或成员方法。具体实现如下：

```
>>> name=Name()
>>> name.init()
My name is Li Hua!
```

在 Python 中,可以使用内置方法"isinstance()"来测试一个对象是否为某个类的实例。具体实现如下:

```
>>> isinstance(name,Name)
True
```

知识拓展

类名的首字母一般要大写,以达到顾名思义的效果,并在整个系统的设计和实现中保持风格一致,这有助于团队协作工作。

类的所有方法都必须至少有一个"self"参数,并且必须是方法的第一个形参(假设有多个形参),"self"参数代表创建的对象本身。当然"self"命名只是一个习惯,在实际操作中,类的方法中第一个参数的名称是可以自定义的,非必需使用"self"这个名称,但是建议编写代码时仍以"self"命名。

5.2.3　类的变量和方法

1. self 参数

"self"参数可以调用类中的变量和方法。具体实现如下:

```
>>> class Students:
        def _ _init_ _(self,id_number):
            self.id=id_number
        def show(self):
            print(self.id)
>>> stu1=Students(9527)
>>> stu1.show()
9527
```

代码解析:"_ _init_ _(self,id_number)"是默认初始化构造方法,"Students"类实例化时就被调用。需要注意,"_ _init_ _"是左右各两个下划线组成。不同于其他的编程语言,成员变量可以直接赋值,在 Python 类中的成员变量都是通过"self. 变量名"的方式进行操作,而且成员方法之间的嵌套调用也是通过"self. 方法名"的方式进行操作。

2. 私有成员和公有成员

定义类的成员时,成员名以两个下划线"_ _"或更多下划线开头,并且不以两个或更多下划线结束则表示是私有成员。私有成员在类的外部不能直接访问,需要通过调用对象的公有成员方法进行访问,也可以通过 Python 支持的特殊方式访问。

公有成员既可以在类的内部进行访问,也可以在外部程序中使用。

通过应用案例学习私有成员和公有成员的区别。具体实现如下:

```
>>> class students:
        def _ _init_ _(self,stu_id,stu_name):
```

```
            self.id=stu_id
            self.__name=stu_name
>>> stu1=students(9527,"jie")
>>> print(stu1.id)
9527
>>> print(stu1.__name)              # 不能直接访问对象的私有成员,会出错
Traceback (most recent call last):
    File "<pyshell#31>", line 1, in <module>
      print(stu1.__name)
AttributeError: 'students' object has no attribute '__name'
>>> print(stu1._students__name)
jie
```

代码解析:公有成员可以直接访问,而私有成员只有类对象本身能够访问,外部可以通过
"对象名._类名__xxx"的方式进行访问。

3. 公有方法、私有方法、静态方法和类方法

下面学习 Python 成员方法的使用, Python 中成员方法可分为:公有方法、私有方法、静态
方法和类方法四类,它们的区别如下:

➢ 公有方法:自定义的普通成员方法,如同公有成员一样可以通过对象名直接调用,可以
访问属于类和对象的成员。

➢ 私有方法:私有方法的名字以两个下划线"__"开始,如同私有变量一样不能通过对象
名直接调用,可以访问属于类和对象的成员。

➢ 静态方法:静态方法可以没有参数,可以通过类名和对象名调用,但不能直接访问属于
对象的成员,只能访问属于类的成员。

➢ 类方法:一般将"cls"作为类方法的第一个参数名称,但也可以使用其他命名的参数,
在调用类方法时不需要为该参数传递值。可以通过类名和对象名直接调用,但不能直接访问
属于对象的成员,只能访问属于类的成员。

通过以下案例学习公有方法、私有方法、静态方法和类方法之间的区别。具体实现如
CORE0501 所示。

```
CORE0501 类方法使用
>>> class Root:
    __total = 0                    # 私有成员变量
    def __init__(self, v):    # 构造方法 / 私有方法
        self.__value = v
        Root.__total += 1
    def show(self):          # 公有方法
        print('self.__value:', self.__value)
```

```
            print('Root._ _total:', Root._ _total)
        @classmethod            # 修饰器,声明类方法
        def classShowTotal(cls):            # 类方法,只能访问类成员
            print(cls._ _total)
        @staticmethod           # 修饰器,声明静态方法
        def staticShowTotal():    # 静态方法,只能访问类成员
            print(Root._ _total)
>>> r = Root(3)
>>> r.classShowTotal()          # 通过对象来调用类方法
1
>>> r.staticShowTotal()         # 通过对象来调用静态方法
1
>>> r.show()
self._ _value: 3
Root._ _total: 1
>>> rr = Root(5)
>>> Root.classShowTotal()          # 通过类名调用类方法
2
>>> Root.staticShowTotal()         # 通过类名调用静态方法
2
```

知识拓展

"_ _init_ _()"是 Python 中类的构造方法,用来为成员变量初始化或进行其他必要的初始化工作,在创建对象时被自动调用和执行。如果没有设计构造方法,Python 将提供一个默认的构造方法用来进行必要的初始化工作。

5.2.4　类的继承

继承性是面向对象编程的重要特性之一,是为代码复用和设计复用而设计的。自定义一个新类时可以继承一个已有或设计好的类,然后进行二次开发,这会大幅度减少开发的工作量。在继承关系中,已有的、设计好的类称为父类、基类或超类,自定义的新类称为子类或派生类。派生类可以继承父类的公有成员,但是不能直接继承其私有成员。

在 Python 中子类继承父类的格式是将其他类名写在某个类的"class"语句后的"()"中。通过应用案例学习类的继承,具体实现如下:

```
>>> class A:                # 父类
    def init(self):
        self.str=[]
    def ft(self,buf):
```

```
            return [n for n in buf if n not in self.str]
>>> class B(A):              # 子类
    def init(self):    # 重写覆盖父类中的"init"方法
        self.str=["11"]
>>> s=B()
>>> s.init()
>>> s.ft(["11","22","33","44","55"])
['22', '33', '44', '55']
```

代码解析：对子类"B"实例化后，利用类之间的继承性，调用父类"A"中的"ft(self,buf)"方法进行列表的过滤，实现代码的复用。

知识拓展

Python 支持多重继承。子类继承多个父类的格式是将多个父类的类名写在某个类的"class"语句后的"()"中并用逗号分开，如果父类中有相同的方法名，而在子类中使用时没有指定父类名，则 Python 解释器将从左向右按顺序进行搜索。

5.3　异常

在运行程序的过程中难免会遇到各种非正常情况。例如，分母为零、下标越界、文件不存在、网络异常、类型错误、名字错误或磁盘空间不足等。如果这些错误得不到正确的处理将会导致程序终止运行。所以本节需要学习 Python 强大的异常处理机制，合理地使用异常处理可以使程序更加健壮，具有更强的容错性，不会因为错误地输入或运行时遇到的问题而造成程序终止。

5.3.1　异常类

1. 内建异常类

Python 中有许多内建异常类，在程序出错误时会自动触发。在 Python 中通常使用"Exception"的子类或实例化参数"raise"语句触发异常。具体实现如下：

```
>>> raise Exception
Traceback (most recent call last):
    File "<pyshell#0>", line 1, in <module>
        raise Exception
Exception                               # 没有异常提示信息
>>> raise Exception("Input error!")
Traceback (most recent call last):
```

```
    File "<pyshell#1>", line 1, in <module>
      raise Exception("Input error!")
  Exception: Input error!              # 异常提示信息：Input error!
```

代码解析：使用"raise"显示引发异常，"raise Exception"是没有异常提示信息的普通异常，修改程序"raise Exception("Input error!")"输出异常提示信息："Input error!"。

Python 常用的内建异常类，如表 5-1 所示。

表 5-1　常用内建函数

类名	描述
Excepion	所有异常的基类
AttributeError	特性引用或者赋值失败时引发
IOError	试图打开不存在文件时引发
IndexError	在使用序列中不存在的索引时引发
KeyError	在使用映射中不存在的键时引发
NameError	找不到名字（变量）时引发
SyntaxError	在代码为错误时引发
TypeError	在内建操作或者函数应用于错误类型时引发
ValueError	在内建操作或者函数应用于正确类型的对象，但是该对象使用不合适的值时引发
ZeroDivisionError	在除法或者模操作的第二个参数为 0 时引发

2. 自定义异常类

虽然内建异常类中已经包括了许多的错误情况，但是在项目的开发过程中还是要根据实际情况，创建具有自己特色的异常处理类。那么该如何创建自定义异常类呢？只需要让自定义异常类继承"Exception"类或其他内建异常类即可，具体格式如下：

```
>>> class ex1(Exception):
      语句块
```

知识拓展

语法错误和逻辑错误不属于异常，但有些语法错误有时会导致异常，例如，由于大小写拼写错误而访问不存在的对象。

程序出现异常或错误之后是否能够快速调试程序和解决存在的问题，也是程序员综合水平和能力的重要体现方式之一。

5.3.2　异常处理

之前学习了内建异常类和自定义异常类，如果发现了异常该如何处理呢？此时就需要异常捕获进行处理。异常处理主要有以下 4 种结构：

1. try...except 结构

结构格式如下：

```
try:
try 语句块                      # 被监控的语句
except 内建异常类名：
except 语句块                   # 处理异常的语句
```

"try"子句中的语句块编写可能出现异常的语句，"except"子句中的语句块处理异常。通过应用案例学习"try...except"结构的使用。具体实现如 CORE0502 所示。

```
CORE0502 "try...except" 结构

try:
    num1=float(input(" 请输入第一个数："))
    num2=float(input(" 请输入第二个数："))
    print(" 结果："+str(num1/num2))
except ZeroDivisionError:          # 分母为 0 异常
    print(" 分母为 0,输入有误！")
```

代码解析：当"num1"和"num2"正常输入时程序会执行"try:"后语句块，运算"num1/num2"。但是除法分母不能为 0，所以当分母为 0 时就会执行"except ZeroDivisionError："里面的语句块，输出"分母为 0，输入有误！"，而不会因报错使程序自然终止。具体效果如图 5-1 所示。

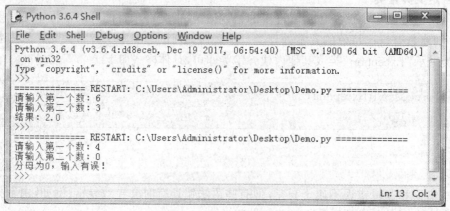

图 5-1   try...except 异常处理

2. try...except...except 结构

结构格式如下：

```
try:
    try 语句块                      # 被监控的语句
    except 内建异常类名 :
    except 语句块                   # 处理第一种异常情况的语句
    except 内建异常类名 :
    except 语句块                   # 处理第二种异常情况的语句
    ……
```

"try"子句中的语句块放置可能出现异常的语句,第一个"except"子句中的语句块处理第一种可能出现的异常,第二个"except"子句中的语句块处理第二种可能出现的异常。依次类推可以继续添加异常处理语句块。"try...except...except"结构主要适用于多种异常情况的处理。

通过应用案例学习"try...except...except"结构的使用。具体实现如 CORE0503 所示。

CORE0503 "try...except...except"结构

```
try:
    num1=float(input(" 请输入第一个数:"))
    num2=float(input(" 请输入第二个数:"))
    print(" 结果:"+str(num1/num2))
except ZeroDivisionError:          # 分母为 0 异常
    print(" 分母为 0,输入有误! ")
except ValueError:                 # 对象类型错误异常
    print(" 输入类型有误! ")
```

代码解析:当输入数字分母为 0 时就会执行"except ZeroDivisionError:"后面的语句块,输出"分母为 0,输入有误!"当输入的变量不能够转换为数字时就会执行"except except ValueError:"后面的语句块,输出"输入类型有误!"。具体效果如图 5-2 所示。

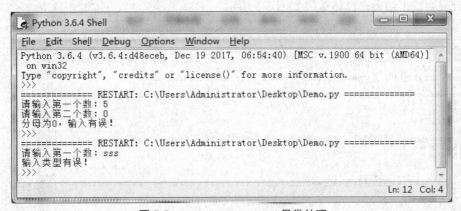

图 5-2　try..except...except 异常处理

3. try...except...else 结构

结构格式如下:

```
try:
    try 语句块                          # 被监控的语句
except 内建异常类名 :
    except 语句块                        # 处理第一种异常情况的语句
    ......
    else:                                           # 没有异常就会执行
else 语句块
```

"try"语句块中的代码片段为可能出现异常的语句,第一个"except"子句中的语句块处理第一种可能出现的异常,依次类推中间可以继续添加异常处理语句块,如果此时没有异常,就会执行"else:"子句后的语句块。"try...except...else 结构"可以使异常处理的逻辑更加严谨。

通过应用案例学习"try...except...else"结构的使用。具体实现如 CORE0504 所示。

CORE0504 "try...except...else"结构
try: 　　num1=float(input(" 请输入第一个数:")) 　　num2=float(input(" 请输入第二个数:")) 　　num3=num1/num2 except ZeroDivisionError:　　　　　　# 分母为 0 异常 　　print(" 分母为 0,输入有误! ") except ValueError:　　　　　　　　　　　# 对象类型错误异常 　　print(" 输入类型有误! ") else:　　　　　　　　　　　　　　　　　　# 无异常执行 　　print(" 结果:"+str(num3))

代码解析:将运算结果放在"else:"后面的语句块中,当有发现异常时就异常处理,没有异常时就会顺利输出结果。具体效果如图 5-3 所示。

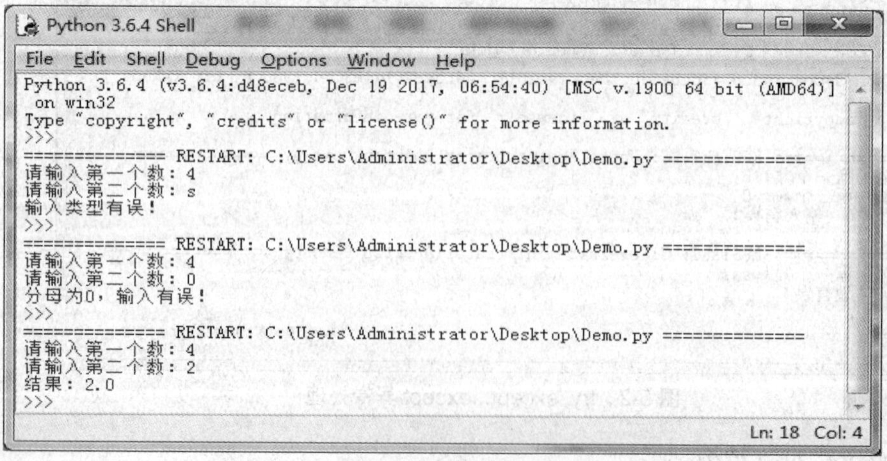

图 5-3　try...except...else 异常处理

4. try...except...finally 结构

结构格式如下：

```
try:
try 语句块                              # 被监控的语句
except 内建异常类名：
except 语句块                           # 处理第一种异常情况的语句
……
finally:                                # 无论是否存在异常都会执行
finally 语句块
```

　　"try"子句中的语句块放置可能出现异常的语句，第一个"except"子句中的语句块处理第一种可能出现的异常，依次类推中间可以继续添加异常处理语句块，最后无论是否存在异常，都会执行"finally:"子句后的语句块。在"try...except...finally 结构"中"finally"子句常用来做一些清理工作以释放"try"子句中申请的资源。

　　通过应用案例学习"try...except...finally"结构的使用。具体实现如 CORE0505 所示。

```
CORE0505 "try...except...finally"结构的使用
try:
    num1=float(input(" 请输入第一个数:"))
    num2=float(input(" 请输入第二个数:"))
    num3=num1/num2
except ZeroDivisionError:
    print(" 分母为 0,输入有误! ")
except ValueError:
    print(" 输入类型有误! ")
else:
    print(" 结果:"+str(num3))
finally:
    print(" 程序运行结束! ")
```

　　代码解析：将"程序运行结束！"作为提示放到了"finally："子句中。具体效果如图 5-4 所示。

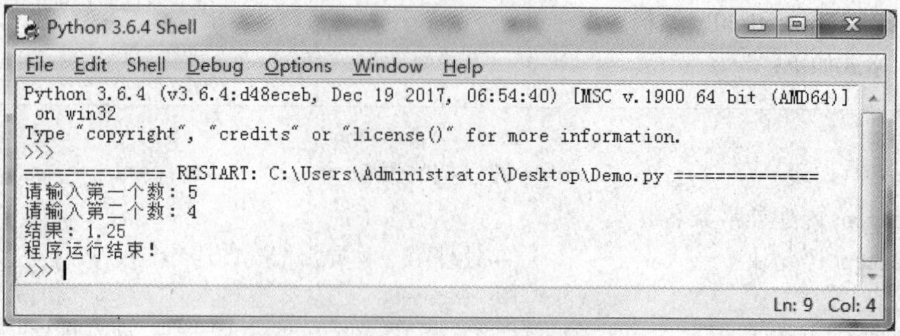

图 5-4　try...except…finally 异常处理

5.4　项目案例:用面向对象的方式优化简易计算器

本章教程已经结束,利用本章学习到的面向对象编程和异常处理知识完善简易计算器程序代码。

本案例主要知识点如下:

➢ 面向对象思维。

➢ 创建自定义类。

➢ 类的实例化以及方法的调用。

➢ 异常处理机制。

具体代码实现如 CORE0506 所示。

CORE0506 用面向对象的方式优化简易计算器

```
#_*_coding:utf-8_*_
#
#    案例 5-1:用面向对象的方式优化简易计算器
#              参考代码
class Calculator:
    def __init__(self):
        """
            标志变量初始化
        """
        self.flag=1
    def init(self):
        """
            提示信息输出、获取读者输入
        """
```

```python
        try:
            self.var1=float(input(" 请输入第一个数字:"))
            self.var2=float(input(" 请输入第二个数字:"))
            self.Symbol=input(" 请输入运算类型:+( 加 )、-(减)、*(乘)、/(除):")
        except Exception:
            print(" 输入错误 ")
        else:
            self.str2=self.operation(self.var1,self.var2,self.Symbol)
            print(self.str2)
    def operation(self,num1,num2,op):
        """
            运算方法
        """
        try:
            self.buf=0
            if(op=='+'):
                self.buf=num1+num2
            elif(op=='-'):
                self.buf=num1-num2
            elif(op=='*'):
                self.buf=num1*num2
            elif(op=='/'):
                self.buf=num1/num2
            else:
                return " 没有该运算类型！ "
        except ValueError:
            return " 输入类型错误 "
        except ZeroDivisionError:
            return "num2 输入有误,分母不能为零！ "
        else:
            return " 计算结果:"+str(self.buf)
    def judge(self):
        """
            判断是否循环运算
        """
        try:
            self.str3=input(" 是否继续计算？【Y/N】:")
            if self.str3=="Y"or self.str3=="y":
```

```
                    self.flag=1
                elif self.str3=="N"or self.str3=="n":
                    self.flag=2
                else:
                    self.flag=3
            except Exception:
                print(" 输入有误，请重新输入！")
    if _ _name_ _=="_ _main_ _":
        """
                程序开始
        """
        ca=Calculator()
        while True:
            if ca.flag==1:
                ca.init()
            elif ca.flag==2:
                print(" 计算结束！")
                break
            else:
                pass
            ca.judge()
```

代码解析如下：

利用面向对象的编程方式和异常处理机制对简易计算器进行修改。使得程序更抽象化，代码复用性更好，处理异常和错误的能力得以提高。

本案例中主要通过实例化"Calculator"类后，调用相关方法实现计算器功能。在实例化"Calculator"类后，会默认调用构造方法"_ _init_ _()"，初始化标志位变量，调用"init()"方法，输出提示信息，接收输入，接着调用"operation()"方法实现计算器运算功能，最后调用"judge()"方法，判断是否循环计算。在每个方法中都使用了异常处理机制，使得程序在异常或错误处理上更简单，极大地提高了程序的安全性。

程序运行结果，如图 5-5 所示。

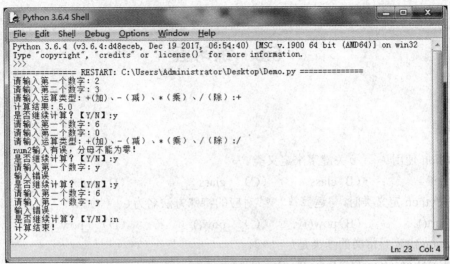

图 5-5　用面向对象的方式优化简易计算器效果图

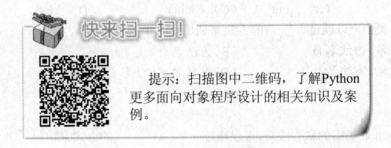

提示：扫描图中二维码，了解Python更多面向对象程序设计的相关知识及案例。

5.5　小结

本章主要学习知识点如下：

➤ 面向对象编程。面向对象程序设计具有封装性、继承性和多态性的特点，面向对象思想主要针对大型软件设计而提出，它使得软件设计更加灵活，相对于面向过程编程来讲，能够更好地支持代码复用和设计复用，并且使得代码具有很好的可读性和可扩展性。

➤ 成员变量和成员方法。可将成员变量理解为类中的变量，成员方法理解为类中的函数。

➤ 异常处理机制。合理地使用异常处理可以使程序更加健壮，具有更强的容错性，不会因为错误的输入或其他运行时遇到的原因而造成程序终止。

5.6 练习五

一、选择题

1. Python 使用（　　）关键字来定义类。

（A）def （B）class （C）__class__ （D）pip

2. 在 Python 定义类时，与运算符"**"对应的特殊方法名为（　　）。

（A）sqrt() （B）pow() （C）__pow__ __ （D）__pow__()

3. Python 内建异常类的基类是（　　）。

（A）BaseException （B）Exception （C）Error （D）try...except...

4. 在 Python 中，不论类的名称是什么，构造方法的名称都是（　　）。

（A）init （B）__init__ （C）__init()__ （D）__init

5. 在派生类中可以通过（　　）的方式来调用基类中的方法。

（A）基类名 . 方法名 () （B）方法名 ()

（C）方法名 . 方法名 () （D）变量名 . 方法名 ()

二、填空题

1. 对于 Python 类中的私有成员，可以通过 ＿＿＿＿＿＿＿＿ 的方式来访问。

2. 在异常处理结构中，不论是否发生异常，＿＿＿＿＿＿＿ 子句中的代码总是会执行的。

3. 在 Python 中定义类时，如果某个成员名称前有 2 个下划线则表示是 ＿＿＿＿＿＿＿。

4. 定义类时，在一个方法前面使用 @classmethod 进行修饰，则该方法属于 ＿＿＿＿＿＿＿。

5. 在设计派生类时，基类的 ＿＿＿＿＿＿＿ 默认是不会继承的。

三、编程题

1. 用面向对象编程方式，编写输出由 1、2、3、4 这四个数字组成的每位数都不相同的所有三位数。

2. 用面向对象编程方式，编写接收包含 20 个整数的列表 list_int 和一个整数 n 作为参数，返回新列表。处理规则为：将列表 list_int 中下标 n 之前的元素逆序，下标 n 之后的元素逆序，然后将整个列表 lst 中的所有元素再逆序。

第6章 文件操作

通过"input()"函数和"print()"函数读写数据，主要存储在 Python 的数据结构中，这种存储方式，程序在下一次运行时所有的数据都会消失。需要长期保存数据以便重复使用，必须将数据以文件的形式存储到外部存储介质中。

文件操作主要分为三个步骤：打开文件、读写文件、关闭文件。下面详细学习文件相关操作。

➢ 掌握文件打开、读写和关闭等相关操作。
➢ 熟悉常用文件模式。
➢ 掌握文件常用方法的使用。
➢ 掌握文件目录相关操作。

6.1 打开文件

打开文件使用"open()"函数，使用格式如下：

```
open(file_name,mode, buffering, encoding=None)
```

参数解析如下：
➢ "file_name"：指定被打开文件名称。
➢ "mode"：指定打开文件后处理模式。
➢ "buffering"：指定读写文件缓存模式。0 表示不缓存模式，1 表示缓存模式，-1 代表默认的缓冲区大小，大于 1 则表示缓冲区的大小。默认值是缓存模式。
➢ "encoding"：指定对文本进行编码和解码的方式，只适用于文本模式，可以使用 Python支持的任何格式，如 GBK、UTF-8、CP936 等。
具体实现如下：

```
>>> f=open("C:\Windows\Fonts\cambria.ttc")
```

运行正确"open()"函数会返回可迭代的文件对象,通过该文件对象可以对文件进行读写操作。如果指定文件不存在、访问权限不够、磁盘空间不够或其他原因导致创建文件对象失败则抛出异常。具体实现如下:

```
>>> f=open("C:\Python")
Traceback (most recent call last):
    File "<pyshell#4>", line 1, in <module>
        f=open("C:\Python")
FileNotFoundError: [Errno 2] No such file or directory: 'C:\\Python'
```

在"C:\"目录下没有"Python"文件所以出现异常错误。

6.2   读写文件

接下来讲解文件的读写操作,此时需要用到"open()"函数中的"mode"参数。

6.2.1   文件模式

"mode"参数就是文件操作的模式选择。具体模式实现如表 6-1 所示。

表 6-1   文件操作模式

模式	说明
r	读模式,如果文件不存在则抛出异常(默认模式,可省略)
w	写模式,如果文件已存在,先清空原有内容,如果文件不存在,则创建一个新文件进行写入
x	写模式,创建新文件,如果文件已存在则抛出异常
a	追加模式,不覆盖文件中原有内容
b	二进制模式(可与其他模式组合使用)
+	读、写模式(可与其他模式组合使用)

需要在"C:\"目录下"Python"文件中写入数据。具体实现如下:

```
>>> f=open("C:\Python","w")
```

使用"写模式"后就会在"C:\"目录下新建一个"Python"文件。

知识拓展

"+"模式可以和其他任何模式组合使用,指明读和写是允许的。例如,"r+"就是在打开一个文件后,使用读写操作而不会报错,而"r"是打开文件只允许读操作,使用写操作会报错。

6.2.2 文件方法

1. 按字节读写文件

逐个字节读写文件使用"read()"方法和"write()"方法。

（1）写入文件

使用"write( )"方法写入数据（字符串）到文件（默认文本文件）中。具体实现如下：

```
>>> f=open("id1.txt","w")
>>> f.write("Hello,Python!")
13
>>> f.close()
```

代码解析：以写模式打开"id1.txt"文件，调用"write()"方法向"id1.txt"这个文件中写入字符串"Hello,Python！"（返回写入文件的字符串的长度），最后调用"close()"函数关闭文件流。

（2）读取文件

使用"read()"方法将文本数据读出来。具体实现如下：

```
>>> f=open("id1.txt ","r")
>>> f.read()
'Hello,Python!'
>>> f.close()
```

代码解析：以读的模式打开"id1.txt"文件，调用"read()"方法实现文件读取，读出上次操作存入文件中的数据"Hello,Python！"，最后调用"close()"函数关闭文件流。

可以指定读取的长度。具体实现如下：

```
>>> f=open("id1.txt","r")
>>> f.read(6)
'Hello,'
>>> f.close()
```

只需要在"read()"函数中写入要读取的数据长度。

2. 随机访问文件

之前章节文件操作是从头到尾顺序读写数据，在实际的项目开发中并非如此，可能需要频繁的倒序或者插序读写。此时需要用到"seek()"函数，使用格式如下：

```
seek(offset[,whence])
```

"offset"参数表示偏移量，"whence"参数指定要移动字节的引用位置。

➢ "whence"设置为 0：则将文件的开头作为参考位置（默认值）。

➢ "whence"设置为 1：则将当前位置作为参考位置。

➢ "whence"设置为 2：则将文件的末尾作为参考位置。

通过应用案例学习"seek()"函数的使用。具体实现如下：

```
>>> f=open("id1.txt","w")
>>> f.write("123456789")        # 写入数据"123456789"
9
>>> f.seek(5)                   # 从当前位置偏移 5 个单位
5
>>> f.write("Hello,Python!")    # 写入数据"Hello，Python!"
13
>>> f.close()
>>> f=open("id1.txt","r")
>>> f.read()                    # 读取数据
'12345Hello,Python!'
>>> f.close()
```

代码解析：在"id1.txt"文件中写入了字符串数据"123456789"，从头开始偏移文本当前参考位置 5 个单位，写入数据"Hello，Python!"覆盖了数据"6789"。使用"seek()"函数可以根据需要任意修改文本内容，使文本操作更加灵活便捷。

若此时不清楚文件的参考位置，可以使用"tell()"函数。具体实现如下：

```
>>> f=open("id1.txt","r")
>>> f.tell()         # 获取当前参考位置
0
>>> f.read(2)        # 读取两个字节
'12'
>>> f.tell()         # 获取当前参考位置
2
>>> f.read()         # 从当前位置读完所有数据
'345Hello,Python!'
>>> f.tell()         # 获取当前参考位置
18
```

代码解析：发现当前参考位置是随着读写操作一直偏移。

3. 按行读写文件

之前章节文件操作是逐个字符读取，若数据量较大的情况下，这样的方式就显得很不实用，可以使用"readline()"函数和"writeline()"函数，对文件进行行操作。具体实现如下：

（1）文件行读取

在文本中写入一段文字：

"Welcome to learn Python!

Where there is a will, there is a way.

Study hard and make progress every day."

然后进行"读"操作。具体实现如下：

```
>>> f=open("id1.txt","r")
>>> f.readline()              # 行读
'Welcome to learn Python!\n'
>>> f.read()                  # 逐个读
'Where there is a will, there is a way.\nStudy hard and make progress every day.'
>>> f.close()
```

代码解析："行读"操作从当前位置开始一直读到换行符出现"\n"，换行符也读取。因为每次"行读"操作仅读取一行数据，所以将数据读完需要连续读取多次。具体实现如下：

```
>>> f=open("id1.txt","r")
>>> for i in range(3):
        print(f.readline())
Welcome to learn Python!
Where there is a will, there is a way.
Study hard and make progress every day.
>>> f.close()
```

代码解析：读取文件时参考位置会随着读取变化，所以只要"连续行读"就可以读完文本数据。

可以使用"行读"将字符串文本存储在列表当中。具体实现如下：

```
>>> f=open("id1.txt","r")
>>> f.readlines()
['Welcome to learn Python!\n', 'Where there is a will, there is a way.\n', 'Study hard and make progress every day.']
>>> f.close()
```

代码解析：使用"readlines()"函数可以读取文件中所有行的数据并转换为列表，如果需要修改其中的某一行，直接使用修改列表的方法再写入文件即可。

（2）文件行写入

文件行写入使用"writelines()"函数，传送给该函数一个字符串列表，它会将所有的字符串写入文件。具体实现如下：

```
buf=['Welcome to learn Python!',/
'Where there is a will, there is a way!',/
'Study hard and make progress every day!']          # 列表
>>> f=open("id1.txt","w")
```

```
>>> f.writelines(buf)                          # 行写操作
>>> f.close()
>>> f=open("id1.txt","r")
>>> f.read()
'Welcome to learn Python!Where there is a will, there is a way!Study hard and make
progress every day!'
>>> f.close()
```

代码解析："writelines()"函数可以将"buf"列表中的字符串都合成一个字符串写入到文本中，和 readlines()"函数的功能相反。

4. 文件重命名和删除

重命名和删除文件使用的是 Python "os"模块提供的方法。使用 Python "os"模块需要先使用"import"将其导入，然后使用"rename()"方法和"remove()"方法进行文件重命名和文件删除操作。具体实现如下：

（1）文件重命名

"rename()"方法语法如下：

```
os.rename("current_file_name","new_file_name")
```

➤ "current_file_name"：当前文件名。

➤ "new_file_name"：新文件名。

具体实现如下：

```
>>> import os
>>> os.rename("id1.txt ","file1.txt")
```

代码解析："import"导入"os"模块，直接将旧文件"id1.txt"重命名为"file1.txt"，进行测试，打开"id1.txt"文件失败，说明重命名成功。

（2）文件删除

"remove()"方法语法如下：

```
os.remove("flie_name")
```

➤ "file_name"：需要删除文件的文件名。

具体实现如下：

```
>>> import os
>>> os.remove("file1.txt")
>>> f=open("file1.txt","r")
Traceback (most recent call last):
```

```
    File "<pyshell#62>", line 1, in <module>
        f=open("file1.txt","r")
FileNotFoundError: [Errno 2] No such file or directory: 'file1.txt'
```

代码解析:将需要删除文件的文件名传入"remove()"方法的实参即可实现删除,然后打开文件验证效果,打开"file1.txt"文件失败,说明删除成功。

5. 目录操作

使用"Python os"模块中"mkdir()"方法和"rmdir()"方法实现目录创建和目录删除。

(1)创建目录

"mkdir()"方法语法如下:

```
os.mkdir("new_dir")
```

➤ "new_dir":需要创建目录的名称。

具体实现如下:

```
>>> import os
>>> os.mkdir("Python_demo")
```

代码解析:在当前目录(Python 程序代码所在的目录)下创建一个新的目录。也可自定义创建目录的位置。具体实现如下:

```
>>> os.mkdir("C:\Python_demo")
```

实现在"C"盘下创建"Python_demo"的新目录。

为了验证是否创建成功,使用"getcwd()"方法查看目录是否存在,路径是否正确。具体实现如下:

```
>>> os.getcwd()
'E:\\Python\\Python_demo'
```

需要注意,"getcwd()"方法只用来显示当前工作目录。

(2)删除目录

"rmdir()"方法语法如下:

```
os.rmdir("rm_name")
```

➤ "rm_name":需要删除目录的名称。

删除目录,具体实现如下:

```
>>> import os
>>> os.rmdir("Python_demo")
```

```
>>> os.getcwd()
'E:\\Python'
```

代码解析：为了验证是否创建成功，使用"getcwd()"方法查看目录是否存在，不存在说明删除成功。

6.3   关闭文件

文件读写操作后都会添加"f.close()"语句，它有什么作用呢？该语句是文件关闭语句，当对文件内容进行读写操作完后，一定要关闭文件对象，这样才能保证所做的任何修改都确实被保存到文件中。

但是有时即使写了关闭文件的代码，也无法保证文件一定能够正常关闭。例如，如果在打开文件之后和关闭文件之前发生了错误导致程序崩溃，这时文件就无法正常关闭，所以在管理文件对象时推荐使用"with"关键字，可以有效地避免这个问题。

"with"语句的用法如下：

```
with open(file_name,mode, buffering, encoding=None) as fp:
```

➢ "fp"：文件对象。

具体实现如下：

```
>>> with open("id1.txt","w") as fp:
        fp.write("Hello,Python!")
13
>>> with open("id1.txt","r") as fp:
        fp.read()
'Hello,Python!'
```

代码解析：使用"with"关键字后，文件关闭则不需要"f.close()"语句，有效提高了文件读写的安全性。

快来扫一扫！

提示：扫描图中二维码，了解更多文件操作的相关知识及案例。

6.4　小结

本章主要学习知识点如下：

➢ 文件打开：文件打开使用"open()"函数将会返回可迭代的文件对象，通过该文件对象可以对文件进行读写操作，推荐使用"with"关键字。

➢ 文件常用方法：文件读取可以使用按字节读取方式和行读取方式，通常使用按行读取效率更高。文件写入也可以使用按字节写入和行写入方式，写入方式和读取方式相似。

➢ 文件关闭：当对文件内容进行读写操作完后，一定要关闭文件对象，这样才能保证所做的任何修改都确实被保存到文件中。

6.5　练习六

一、选择题

1. 对文件进行写入操作之后，（　）方法用来在不关闭文件对象的情况下将缓冲区内容写入文件。

（A）close()　　　　（B）flush()　　　（C）write()　　　（D）writeline()

2. 使用上下文管理关键字（　　　　）可以自动管理文件对象，不论何种原因结束该关键字中的语句块，都能保证文件被正确关闭。

（A）open()　　　　（B）close()　　　（C）with()　　　（D）with

3. 使用内置函数 open() 且以（　）模式打开的文件，文件指针默认指向文件尾。

（A）r　　　　　　（B）w　　　　　（C）w+　　　　　（D）a

4. Python 标准库 os 中的方法，（　）可以用来测试给定的路径是否为文件。

（A）isfile()　　　　（B）exists()　　　（C）isdir()　　　（D）listdir()

5. 标准库 os 的（　　　）方法可以实现文件移动操作。

（A）remove()　　　（B）copy()　　　（C）rename()　　　（D）listdir()

二、填空题

1. 文件对象是 _____（可以／不可以）迭代的。

2. 文件对象的 _____ 方法用来返回文件指针的当前位置。

3. 标准库 os 的 _____ 方法默认只能列出指定文件夹中当前层级的文件和文件夹列表，而不能列出其子文件夹中的文件。

4. Python 扩展库 _____ 支持 Excel 2007 或更高版本文件的读写操作。

5. Python 标准库 os.path 中用来判断指定文件是否存在的方法是 _____。

三、编程题

1. 创建文本文件 text.txt，并存入任意数量的字符串，文件中每行存放一个字符串，计算文本文件中最长行的长度。

2. 创建文本文件 data.txt，并存入任意 10 个整数数据，文件中每行存放一个整数，将其按升序排序后再写入文本文件 data_asc.txt 中。

第 7 章　图形用户界面

Python 基于 IDLE 的编程，输出结果是数据或文本。那么 Python 可以实现图形用户界面（GUI）吗？当然是可以的。如果学过 C++ 或 C#，了解它们的图形用户界面，可以使用拖拽的方式编辑创建界面。目前支持 Python 的"GUI 工具包"很多，但是 Python 是脚本语言，支持拖拽的方式编辑创建界面的工具包很少。本章主要使用"Tkinter"模块进行 Python 的图形用户界面设计。"Tkinter"特点：构造简单，跨平台，系统兼容性强。学习 Tkinter 知识重点就是熟悉窗口视窗的使用。

➢ 了解 Tkinter 工具包的作用。
➢ 掌握 Tkinter 常用组件的使用。

7.1　Tkinter 简介

"Tkinter"是 Python 的标准库，它对"TCL"或"TK"（工具控制语言）进一步封装，与"tkinter.ttk"和"tkinter.tix"共同提供强大的跨平台 GUI 编程的功能，IDLE 就是使用"Tkinter"进行开发的。"Tkinter"的安装比较简单，安装"Python"的时候就可以选择安装。如图 7-1 所示。

安装完成后可以在目录"E:\Python\Lib"（安装在 E 盘 Python 文件目录下）下找到"tkinter"文件夹。文件夹中包括内容如图 7-2 所示。

其中，第一个文件夹负责缓存，第二个文件夹负责测试，其余是基本的配置文件。

下面测试"tkinter"安装后默认自带的案例。具体实现如下：

```
>>> import tkinter
>>> tkinter._test()
```

代码解析：导入"tkinter"模块，调用"_test()"方法可以弹出界面。具体效果如图 7-3 所示。

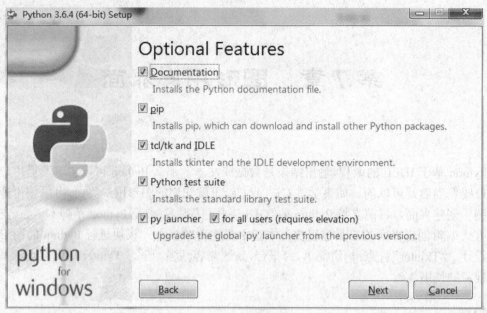

图 7-1   默认安装 Tkinter

__pycache__	2017/10/17 16:16	文件夹	
test	2017/10/12 15:42	文件夹	
__init__.py	2016/6/12 7:32	PY 文件	163 KB
__main__.py	2015/9/22 22:11	PY 文件	1 KB
colorchooser.py	2015/9/22 22:11	PY 文件	2 KB
commondialog.py	2016/6/12 7:32	PY 文件	2 KB
constants.py	2015/9/22 22:11	PY 文件	2 KB
dialog.py	2016/6/12 7:32	PY 文件	2 KB
dnd.py	2016/6/12 7:32	PY 文件	12 KB
filedialog.py	2015/9/22 22:11	PY 文件	15 KB
font.py	2015/9/22 22:11	PY 文件	7 KB
messagebox.py	2015/9/22 22:11	PY 文件	4 KB
scrolledtext.py	2015/9/22 22:11	PY 文件	2 KB
simpledialog.py	2015/9/22 22:11	PY 文件	12 KB
tix.py	2016/6/12 7:32	PY 文件	78 KB
ttk.py	2016/6/12 7:32	PY 文件	57 KB

图 7-2   tkinter 文件夹内容

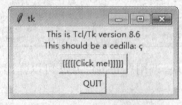

图 7-3   test 方法弹出界面

点击"Click me!"按钮，按钮两边会不断增加中括号，点击"QUIT"按钮，退出程序。

可以发现使用"Tkinter"模块的效果比单纯的 IDLE 的效果要好，现在就开始"Tkinter"的学习吧。

7.2　窗体

编写"Tkinter"应用的主体框架具体步骤如下：

➢ 定义 Windowns 窗口及其属性。

➢ 填写窗口内容。

➢ 执行"window.mainloop"激活窗口。

创建一个窗口。具体实现如 CORE0701 所示。

CORE0701 创建窗口
import tkinter as tk f1=tk.Tk() tk.mainloop()

具体效果如图 7-4 所示。

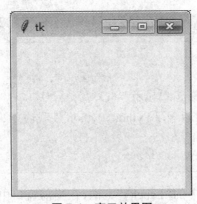

图 7-4　窗口效果图

代码解析：导入"Tkinter"模块，使用"tk.Tk()"语句实例化"Tk()"显示窗口，执行"tk.main-loop()"事件循环语句，会使窗口循环接收下一个事件。

将窗口自定义名称。具体实现如 CORE0702 所示。

CORE0702 窗口自定义名称
import tkinter as tk f1=tk.Tk() f1.wm_title("Python GUI 窗口显示 ") tk.mainloop()

代码解析：使用"wm_title()"方法实现修改窗口名称。

具体效果如图 7-5 所示。

图 7-5   修改窗口名称

7.3   标签

标签是"Tkinter"模块中最简单的组件，主要功能是显示提示信息，它使用"Label()"方法。具体实现如 CORE0703 所示。

```
CORE0703 单标签使用

import tkinter as tk
f1=tk.Tk()
f1.wm_title("Python GUI 窗口显示 ")
l1=tk.Label(f1,text=" 欢迎学习 Python，Python 使我快乐！")
l1.pack()
tk.mainloop()
```

代码解析：调用"Tkinter"中的"Label()"方法，在当前窗口中显示文本"欢迎学习 Python，Python 使我快乐！"。调用"pack()"方法（该方法使用在后面章节中会讲到），它的主要作用是选择合适的布局位置显示。

具体效果如图 7-6 所示。

图 7-6   标签应用

可以显示多个标签。具体实现如 CORE0704 所示。

CORE0704 多标签使用

```
import tkinter as tk
f1=tk.Tk()
f1.wm_title("Python GUI 窗口显示 ")
l1=tk.Label(f1,text=" 欢迎学习 Python！ ",background="yellow")
l2=tk.Label(f1,text="Python 使我快乐！ ",background="green")
l1.pack()
l2.pack()
tk.mainloop()
```

代码解析：调用"Label()"方法，使用"pack()"选择合适的位置进行显示。在此基础上使用
"Label()"方法当中的"background"参数，修改标签背景颜色。具体效果如图 7-7 所示。

图 7-7　修改标签背景颜色

7.4　按钮

按钮是非常重要的组件，通过单击或多次点击可以执行相对应的功能，按钮使用
"Button()"方法。具体实现如 CORE0705 所示。

CORE0705 按钮使用

```
import tkinter as tk
f1=tk.Tk()
f1.wm_title("Python GUI 窗口显示 ")
b1=tk.Button(f1,text=" 按钮 1")
b1.pack()
tk.mainloop()
```

代码解析："Button()"方法的使用和标签使用类似,调用"Tkinter"中的"Button()"方法,在当前窗口中显示命名为"按钮 1"的按钮,调用"pack()"方法选择合适的位置显示。

具体效果如图 7-8 所示。

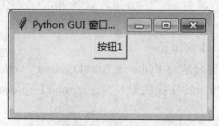

图 7-8　按钮应用

可以为按钮设置相关属性。具体实现如 CORE0706 所示。

```
CORE0706 按钮相关属性使用

import tkinter as tk
f1=tk.Tk()
f1.wm_title("Python GUI 窗口显示 ")
b1=tk.Button(f1,text=" 按钮 1")
b1["width"]=20
b1["height"]=10
b1["background"]="yellow"
b1.pack()
tk.mainloop()
```

代码解析:设置了一个宽 20,高 10 的黄色按钮。

具体效果如图 7-9 所示。

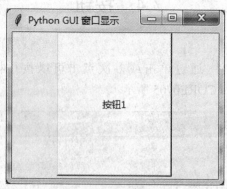

图 7-9　按钮属性

7.4.1　按钮事件处理

按钮实现效果需要事件绑定,事件绑定可以理解为点击按钮后会触发实现的功能。在

"Tkinter"中常用如下两种方式：

1."command"属性

第一种方式是在按钮组件被声明时使用"command"属性声明，"command"属性接收事件处理函数名。具体实现如 CORE0707 所示。

```
CORE0707 command 属性事件处理

import tkinter as tk
def event1():
    global f1,num
    num+=1
    l1=tk.Label(f1,text=" 点击按钮 "+str(num)+" 次！",background="yellow")
    l1.pack()
num=0
f1=tk.Tk()
f1.wm_title("Python GUI 窗口显示 ")
b1=tk.Button(f1,text=" 按钮 1",command=event1)
b1.pack()
tk.mainloop()
```

代码解析：使用"Button()"方法中"command"属性，将事件处理函数"event1()"带入即可（函数名称不要加双引号）。在"event1()"函数中，声明一个标签，每点击一次就会触发标签计数。需要注意，使用"global"关键字将对象"f1"和变量"num"设置为全局类型。

具体效果如图 7-10 所示。

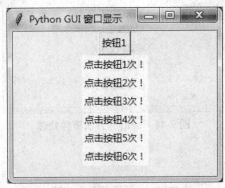

图 7-10　command 属性事件处理

2."bind()"方法

第二种方式是使用"bind()"方法。具体实现如 CORE0708 所示。

```
CORE0708 bind( )方法事件处理
import tkinter as tk
def event1(event):
    global f1,num
    num+=1
    l1=tk.Label(f1,text=" 点击按钮 "+str(num)+" 次！",background="yellow")
    l1.pack()
num=0
f1=tk.Tk()
f1.wm_title("Python GUI 窗口显示 ")
b1=tk.Button(f1,text=" 按钮 1")
b1.bind("<Button-1>",event1)
b1.pack()
tk.mainloop()
```

代码解析：调用按键对象"b1"的"bind()"方法，它的第一个参数代表事件类型，如"<Button-1>"代表鼠标左击事件，"event1"代表事件处理函数（函数名不要加双引号）。需要注意，"def event1(event)"事件处理函数中必须有"event"参数用来接收。

具体效果如图 7-11 所示。

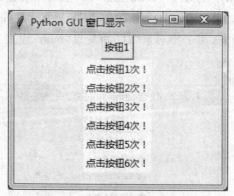

图 7-11　bind( )方法事件处理

7.5　界面布局

"Tkinter"中有三种布局方式，已经接触过"pack"布局。其他两种是"grid"和"place"布局。下面详细讲解这三种布局方式。

7.5.1　pack 布局

"pack"布局会默认选择合适的位置和大小,当有多个组件时会从上往下依次排列。
"pack()"函数常用参数如表 7-1 所示。

表 7-1　pack( ) 常用参数

参数	属性	解释
side	top: 上对齐；botton: 下对齐；eft: 左对齐；right: 右对齐	设置组件的对齐方式
fill	x: 水平方向填充；y: 竖直方向填充；both: 水平和竖直方向填充；none: 不填充	设置组件的填充方式
expand	yes: 扩展整个空白区域；no: 不扩展	设置组件是否展开
ipadx/ipady	窗口大小范围内	设置 x 方向(或者 y 方向)内部间隙(子组件之间的间隔)
padx/pady	窗口大小范围内	设置 x 方向(或者 y 方向)外部间隙(与之并列的组件之间的间隔)

使用"pack"布局编写案例。具体实现如 CORE0709 所示。

CORE0709 pack 布局

```python
import tkinter as tk
f1=tk.Tk()
tk.Label(f1, text=' 上 ').pack(side='top')
tk.Label(f1, text=' 下 ').pack(side='bottom')
tk.Label(f1, text=' 左 ').pack(side='left')
tk.Label(f1, text=' 右 ').pack(side='right')
f1.mainloop()
```

代码解析:"padx"布局默认上对齐,本程序定义了 4 个标签,选择不同的对齐方式进行显示(参数是小写的字符串类型)。

具体效果如图 7-12 所示。

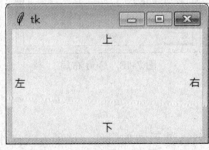

图 7-12　Pack 布局

7.5.2　grid 布局

　　"grid"布局是网格布局,可以将界面分为若干行若干列,然后在网格中添加对应组件。网格布局的相对位置并不会随窗体大小不同而发生改变。

　　"grid()"函数常用参数如表 7-2 所示。

表 7-2　grid( ) 常用参数介绍

参数	解释
row	设置行(默认从 0 开始)
column	设置列(默认从 0 开始)
skicky	设置开始方向 N:上;S:下;W:左;E:右
ipadx/ipady	设置 x 方向(或者 y 方向)内部间隙(子组件之间的间隔)
padx/pady	设置 x 方向(或者 y 方向)外部间隙(与之并列的组件之间的间隔)

　　使用"grid"布局编写案例。具体实现如 CORE0710 所示。

```
CORE0710 grid 布局

import tkinter as tk
f1=tk.Tk()
l1=tk.Label(f1,text=" 账号 :9527").grid(row=0,sticky="w")
l2=tk.Label(f1,text=" 密码 :9527").grid(row=1,sticky="w")
b1=tk.Button(f1,text=" 登录 ").grid(row=2,sticky="w")
tk.mainloop()
```

　　代码解析:定义两个标签和一个按钮,使用"row"属性分别使用网格布局添加在第一、二和三行,使用"sticky"属性定义了开始的方向。

　　具体效果如图 7-13 所示。

图 7-13　Grid 布局

7.5.3　place 布局

　　"place"布局给定固定的坐标,然后添加组件。这种方式操作复杂,不能随意放大或缩小窗口,否则就会导致布局混乱,所以使用较少。下面简要讲解"place"布局的使用。具体实现如 CORE0711 所示。

CORE0711 place 布局

```
import tkinter as tk
f1=tk.Tk()
l1=tk.Label(f1,text="Hello").place(x=0,y=0)
l1=tk.Label(f1,text="Python").place(x=20,y=20)
f1.mainloop()
```

代码解析：调用"place()"方法后，确定"x"和"y"的固定值就可以添加组件进行显示。

具体效果如图 7-14 所示。

图 7-14　Place 布局

知识拓展

"pack"布局适用于较为简单的布局，"grid"适用于较复杂的布局，而且"pack"布局和"grid"布局不能同时使用。"place"布局操作复杂，所以很少使用。

7.6　事件

之前简要讲解按钮的事件处理，本节更加详细地讲解"Tkinter"模块的事件处理。在"Tkinter"中事件处理使用"bind"函数。

"bind"函数使用语法如下：

组件对象 .bind("events",fun)

➤ "events"：事件类型。

➤ "fun"：回调函数（事件处理函数名）。

常用事件类型如下：

1. 鼠标事件

<Button-x>：其中的取值为 1、2 或 3。

➢ x 为 1 时：鼠标左击事件。

➢ x 为 2 时：鼠标中击事件。

➢ x 为 3 时：鼠标右击事件。

2. 键盘事件

➢ <KeyPress-x>：X 可以为键盘上任意键，直接点击即可触发事件。

➢ <Fx>：X 可以为键盘上 F 系列的任意键，直接点击即可触发事件。

➢ <Control-x>：X 可以为键盘上任意键，"Ctrl+x"即可触发事件。

知识拓展

当不需要某个事件触发时，可以使用"unbind()"方法解除事件绑定。使用语法如下：

组件对象 .unbind("events")

➢ "events"：是所要解除绑定的事件类型。

7.7 输入框和文本框

输入框的功能是获取用户输入的数据信息，在实际的开发过程中这是非常重要的。通常输入框和密码框使用"Entry()"方法。

通过验证登录界面案例讲解"Entry()"方法的使用。具体实现如 CORE0712 所示。

CORE0712 验证登录界面

```python
from tkinter import *
def reg():
    myAccount = a_entry.get() # 获取用户输入的用户名
    myPassword = p_entry.get() # 获取用户输入的密码
    a_len = len(myAccount) # 获取输入的用户名
    p_len = len(myPassword) # 获取输入的密码
    if myAccount == "123" and myPassword == "123":
        msg_label["text"] = " 登录成功 "
    elif myAccount == "123" and myPassword!= "123":
        msg_label["text"] = " 密码错误 "
        a_entry.delete(0, a_len)     # 清除显示
        p_entry.delete(0, p_len) # 清除显示
    elif myAccount != "123" and myPassword== "123":
        msg_label["text"] = " 用户名错误 "
```

```
                a_entry.delete(0, a_len)
                  p_entry.delete(0, p_len)
            else :
                  msg_label["text"] = " 用户名、密码错误 "
                  a_entry.delete(0, a_len)
            p_entry.delete(0, p_len)
root = Tk()
# 用户名
a_label = Label(root, text = " 用户名: ")
a_label.grid(row = 0, column = 0, sticky = W)
a_entry = Entry(root)
a_entry.grid(row = 0, column = 1, sticky = E)
# 密码
p_label = Label(root, text = " 密码: ")
p_label.grid(row = 1, column = 0, sticky = W)
p_entry = Entry(root)
p_entry["show"] = "*" # 密码显示为 *
p_entry.grid(row = 1, column = 1, sticky = E)
# 登录按钮
btn = Button(root, text = " 登录 ", command = reg)
btn.grid(row = 2, column = 1, sticky = E)
# 提示信息
msg_label = Label(root, text = "")
msg_label.grid(row = 3)
root.mainloop()
```

代码解析:

本程序实现简易的登录界面功能,设置用户名为:"123",密码为:"123"。当用户在输入框中输入用户名和密码后,点击登录按钮就可以实现登录,这里使用"p_entry["show"] = "*""语句将密码框中所有的输入加密显示为"*"号。如果用户名和密码正确,标签就会提示"登录成功",否则就会输出错误的提示信息,然后"a_entry.delete(0, a_len)"和"p_entry.delete(0, p_len)"语句负责错误后对输入框清空。

具体效果如图 7-15 和图 7-16 所示。

图 7-15　登录成功界面

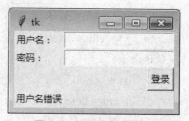

图 7-16　登录失败界面

下面讲解文本框的使用,文本框实质上就是一个文本。具体实现如 CORE0713 所示。

CORE0713 文本框使用

```
from tkinter import *
f1=Tk()
t1=Text(f1,width=30,height=20)
t1.pack()
f1.mainloop()
```

代码解析:调用"Textu()"方法后,确定"width"和"height"的值就可以添加组件进行显示。具体效果如图 7-17 所示。

图 7-17　文本框应用

7.8　菜单

实际的项目研发中,菜单选项是不可或缺的。菜单的种类有很多,常用的有下拉菜单、弹出菜单等。下面详细讲解"Tkinter"模块菜单的使用。

7.8.1 顶层菜单

顶层菜单一般包含文件、编辑、查看、窗口、帮助等下拉菜单,使用"Menu"类来自定义菜单,使用"add_command()"方法来添加菜单项。具体实现如 CORE0714 所示。

```
CORE0714 顶层菜单使用
from tkinter import *
f1=Tk()
m1=Menu(f1)
for i in [" 文件 "," 开始 "," 插入 "," 设计 "]:
    m1.add_command(label=i)
f1["menu"]=m1
f1.mainloop()
```

代码解析:使用"Menu"类实例化一个菜单对象,使用"add_command()"方法遍历列表将列表元素分别添加到菜单当中。不同于其他组件,还需要将菜单对象添加到窗口中方可显示效果。在"add_command()"方法中会用到"label"属性,主要作用是用来指定菜单名称。需要注意,使用"add_command()"方法添加菜单项,如果此时菜单是顶层菜单,则添加的菜单项依次向右添加;如果此时菜单是顶层菜单的一个菜单项,那么添加的就是下拉菜单的菜单项。

具体效果如图 7-18 所示。

图 7-18 顶层菜单应用

7.8.2 子菜单

此时菜单中没有任何内容,需要向顶层菜单中添加对应的子菜单。要实现带有子菜单的顶层菜单需要用到"add_cascade()"方法。具体实现如 CORE0715 所示。

CORE0715 子菜单使用

```
from tkinter import *
f1=Tk()
m1=Menu(f1)
fm1=Menu(m1)
for i in [" 信息 "," 新建 "," 打开 "," 保存 "]:
    fm1.add_command(label=i)
m1.add_cascade(label=" 文件 ",menu=fm1)
f1["menu"]=m1
f1.mainloop()
```

代码解析：使用"Menu"类实例化一个顶层菜单对象和一个子菜单对象，使用"add_command()"方法将遍历列表将列表元素分别添加到菜单当中。本程序是添加子菜单的选项，然后使用"add_cascade"方法，将子菜单添加到顶层菜单中。"add_cascade"方法中"label"属性用来添加顶层菜单名，"menu"属性实现顶层菜单级联子菜单项。需要注意，必须要先将子菜单设计好，然后再设计顶层菜单，将其级联。

具体效果如图 7-19 所示。

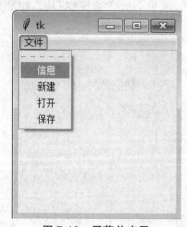

图 7-19　子菜单应用

7.8.3　弹出菜单

弹出菜单也叫"右键菜单"，鼠标单击右键时触发而产生的菜单。在"Tkinter"中使用事件绑定的方式去实现弹出菜单的功能，首先讲解菜单的触发功能。具体实现如 CORE0716 所示。

CORE0716 弹出菜单使用

```
from tkinter import *
def events():
    global f1
```

```
        Label(f1,text=" 已点击共享！").pack()
f1=Tk()
m1=Menu(f1)
fm1=Menu(m1)
for i in [" 信息 "," 新建 "," 打开 "," 保存 "]:
        fm1.add_command(label=i)
fm1.add_command(label=" 共享 ",command=events)
m1.add_cascade(label=" 文件 ",menu=fm1)
f1["menu"]=m1
f1.mainloop()
```

代码解析：菜单触发功能实质就是事件绑定，在本段代码中使用"add_command(label=" 共享 ",command=events)"语句新建了一个子菜单，并且绑定了事件处理函数"events"，当用户鼠标单击左键时，就会触发标签提示语句"已点击共享！"。

具体效果如图 7-20 所示。

图 7-20　菜单触发功能

在此基础上再做修改，实现弹出菜单功能。具体实现如 CORE0717 所示。

CORE0717 弹出菜单优化

```
from tkinter import *
def events():
        global f1
        Label(f1,text=" 已点击共享！").pack()
def m_event(event):
        global m1
        m1.post(event.x_root,event.y_root)
f1=Tk()
m1=Menu(f1)
fm1=Menu(m1)
for i in [" 信息 "," 新建 "," 打开 "," 保存 "]:
```

```
        fm1.add_command(label=i)
    fm1.add_command(label=" 共享 ",command=events)
    m1.add_cascade(label=" 文件 ",menu=fm1)
    f1.bind("<Button-3>",m_event)
    f1["menu"]=m1
    f1.mainloop()
```

代码解析：在菜单触发功能代码的基础上，继续添加窗口对象的鼠标右击事件 "bind("<Button-3>",m_event)"，在鼠标右击事件的事件处理函数中，"m1" 菜单对象调用 "post()" 方法，实现在当前鼠标右键点击的位置出现可视化菜单。

具体效果如图 7-21 所示。

图 7-21 弹出菜单应用

7.8.4 单选菜单和复选菜单

单选菜单和复选菜单的使用类似于单选按钮和复选按钮。单选菜单使用 "add_radiobutton()" 函数，每次只能选定一个菜单项，复选菜单使用 "add_checkbutton()" 函数，可以同时选定多个 多个菜单项。这两种菜单一旦被选定，在菜单项前面就会出现 "√" 标记。具体实现如 CORE0718 所示。

```
CORE0718 单选菜单和复选菜单使用
from tkinter import *
f1=Tk()
m1=Menu(f1)
fm1=Menu(m1)
for i in [" 创建 "," 打开 "," 保存 "," 打印 "]:
    fm1.add_radiobutton(label=i)              # 单选菜单
fm1.add_separator()                       # 添加分割线
```

```
for j in [" 关闭 "," 重启 "]:
        fm1.add_checkbutton(label=j)                # 复选菜单
m1.add_cascade(label=" 文件 ",menu=fm1)
f1["menu"]=m1
f1.mainloop()
```

代码解析：在添加子菜单的过程中调用了"add_separator()"方法实现单选菜单和复选菜单的分隔。每当单击一次单选菜单项都会在单选框前出现一个"√"标记，原单选菜单项出现的"√"标记消失，多选菜单可以连续标记"√"。

具体效果如图 7-22 所示。

图 7-22　单选菜单和复选菜单应用

7.9　单选按钮和复选按钮

单选按钮和复选按钮相当于把单选菜单和复选菜单变为按钮，单选按钮和复选按钮分别使用"Radiobutton()"函数和"Checkbutton()"。具体实现如 CORE0719 所示。

```
CORE0719 单选按钮和复选按钮使用
from tkinter import *
def fun1():
        global l1,cou1
        if cou1 % 2 == 0:
                cou1 += 1
                l1["text"] = " 复选按钮 1 被选中 "
        else:
```

```
            cou1 += 1
            l1["text"] = " 复选按钮 1 被取消 "
    def fun2():
        global l1,cou2
        if cou2 % 2 == 0:
            cou2 += 1
            l1["text"] = " 复选按钮 2 被选中 "
        else:
            cou2 += 1
            l1["text"] = " 复选按钮 2 被取消 "
    cou1 = 0
    cou2 = 0
    f1 = Tk()
    c1 = Checkbutton(f1, text = " 复选按钮 1", command = fun1)
    c1.pack()
    c2 = Checkbutton(f1, text = " 复选按钮 2", command = fun2)
    c2.pack()
    l1 = Label(f1, text = "")
    l1.pack()
    f1.mainloop()
```

代码解析：定义了两个复选按钮，命名为"复选按钮 1"和"复选按钮 2"，并且分别绑定到"fun1"函数和"fun2"函数。复选按钮可以实现多种选择，并且在复选框中出现"√"。当每次点击复选框后都会触发事件函数，标签显示提示信息。

具体效果如图 7-23 所示。

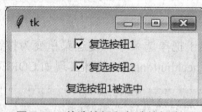

图 7-23　单选按钮和复选按钮应用

单选按钮的使用方法和复选按钮一样，但单选按钮只能同时选择一个按钮。

7.10　对话框和消息框

"Tkinter"模块中提供了许多实用的对话框，用来显示文本消息、警告信息或错误信息等。

"Tkinter"模块中的对话框需要调用"dialog.py"文件。具体实现如 CORE0720 所示。

CORE0720 对话框使用

```
from tkinter.dialog import *
from tkinter import *
def events():
        d = Dialog(None, title = "Python 调查 ", text = " 喜欢学习 Python 吗？ ", bitmap
= DIALOG_ICON, default = 0, strings = (" 喜欢 ", " 很喜欢 ", " 非常喜欢 "))
        print(d.num)
b1= Button(None, text = "Python 调查 ", command = events)
b1.pack()
b2 = Button(None, text = " 关闭 ", command = b1.quit)
b2.pack()
b1.mainloop()
```

代码解析：定义两个按钮分别绑定触发事件，当点击按钮"b1"时，就会触发弹出对话框，询问用户是否喜欢 Python 学习，单击其中任意一个按钮就可以获得相对应的返回值，并通过"print()"函数打印出来，当点击按钮"b2"就会退出当前程序。

具体效果如图 7-24 所示。

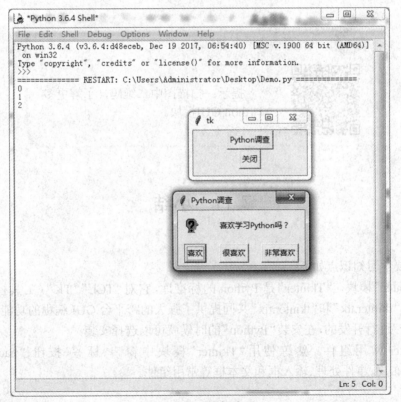

图 7-24　对话框应用

消息框的主要作用是向用户传递提示信息，"Tkinter"模块中使用消息框需要导入"messagebox.py"文件，下面详细讲解消息框的使用。具体实现如 CORE0721 所示。

CORE0721 消息框使用
from tkinter.messagebox import * showinfo(title = "Python 学习 ", message = " 人生苦短，我学 Python！")

代码解析：导入"messagebox"文件后，使用"showinfo( )"方法就可以显示出最简单的消息框。

具体效果如图 7-25 所示：

图 7-25 消息框应用

提示：扫描图中二维码，了解更多 Python GUI 模块。

7.11 小结

本章主要学习知识点如下：

➤ "Tkinter"模块。"Tkinter"是 Python 的标准库，它对"TCL""TK"（工具控制语言）进一步封装，与"tkinter.ttk"和"tkinter.tix"共同提供了强大的跨平台 GUI 编程的功能，IDLE 就是使用"Tkinter"进行开发的，在安装"Python"的时候就可以选择安装。

➤ Tkinter 常用组件。熟练使用"Tkinter"模块中窗口、标签、按钮、"pack""grid"和"place"界面布局、事件处理、输入框和文本框等常用组件。

7.12　练习七

一、选择题

1. Python 程序文件扩展名中（　　　）常用于 GUI 程序。

（A）py　　　　　　（B）pyc　　　　　　（C）pyw　　　　　　（D）exe

2. 在 GUI 设计中，（　　　）往往用来实现非互斥多选的功能。

（A）单选按钮　　　（B）复选按钮　　　（C）单选框　　　（D）复选框

3. Tkinter 中（　　　）方法可以实现修改窗口名称。

（A）test()　　　　　（B）wm_title()　　（C）Label()　　　（D）Tk()

4. Tkinter 中事件处理用到的函数是（　　　）。

（A）command　　　（B）event()　　　　（C）bind()　　　（D）unbind()

5. Tkinter 中添加子菜单的方法是（　　　）。

（A）add_command()　　　　　　　　（B）add_cascade()

（C）add_radiobutton()　　　　　　　（D）add_checkbutton()

二、填空题

1. Tkinter 是 Python 的标准库，它对 _____ 进一步封装。

2. Tkinter 中常用的布局方式是 _____、_____ 和 _____。

3. Tkinter 中将用户输入加密成"#"号，实现代码为 _____。

4. 按钮鼠标左击事件，实现代码为 _____。

5. 消息框需要导入 _____ 模块。

三、编程题

1. 使用"Tkinter"用户自行设计窗口布局，输入一个数字，程序计算其是否为素数，并在窗口显示出"Yes"或"No"。

2. 使用"Tkinter"实现文本编辑器。主要演示菜单、文本框、文件对话框等组件的用法，实现了打开文件、保存文件、另存文件以及文本的复制、剪切、粘贴、查找等功能。

第 8 章 数据分析和可视化

Python 的强大之处在于集成了许多优秀的算法,让程序的计算速度飞速提升,它还是数据整理的好助手,可以将凌乱的数据划分成条理清晰的数据,最终将处理好的数据进行 2D、3D 图形可视化(注意这里的可视化并非 GUI)。下面详细讲解 Python 的数据分析及可视化。

> 了解"numpy"模块和"pandas"模块的主要功能。
> 掌握"numpy"模块重要的运算方法。
> 掌握"pandas"模块重要的数据模型结构。
> 了解数据可视化和 GUI 的区别。
> 掌握"matplotlib"模块的重要绘图方法。

8.1 数据分析

Python 数据分析使用"numpy"和"pandas"两个科学运算模块。首先了解学习这两个模块的具体功能。

> "numpy"模块:它是一个科学计算包,支持 N 维矩阵运算、处理大型矩阵、成熟的广播函数库、矢量运算、线性代数、傅里叶变换、随机数生成等功能,并可与 C++、Fortran 语言无缝结合。

> "pandas"模块:是基于"numpy"的数据分析模块,提供了大量标准数据模型和高效操作大型数据集所需要的工具,可以说"pandas"是 Python 能够成为高效且强大的数据分析环境的重要因素之一。

下面就详细学习这两个科学计算模块。

8.1.1 numpy 模块学习

1. 基本属性

使用"numpy"模块之前,首先需要导入模块。具体实现如下:

```
>>> import numpy as np
```

　　然后调用"numpy"模块中的"array()"方法,实现将其他数据类型转换为矩阵。具体实现如下:

```
>>> print(np.array([1,2,3,4,5,6]))        # 将列表转换为一维矩阵
[1 2 3 4 5 6]
>>> print(np.array((1,2,3,4,5,6)))        # 将元组转换为一维矩阵
[1 2 3 4 5 6]
```

　　此时使用"numpy"模块的基本属性,查看矩阵的相关信息。具体实现如下:

```
>>> arr1=np.array([1,2,3,4,5,6])
>>> print(arr1.ndim)          # 维度
1
>>> print(arr1.shape)         # 行数和列数　返回为元组类型
(6,)
>>> print(arr1.size)          # 元素个数
6
```

　　代码解析:矩阵对象调用"ndim"属性可获取矩阵的维度,调用"shape"属性可得到矩阵的行数和列数,本程序是一维矩阵,调用"size"属性可得到矩阵的元素个数共 6 个元素。

2. 创建矩阵

　　之前章节中已经讲解了简单矩阵的创建,下面详细讲解矩阵的相关功能。
　　在创建矩阵时可以为矩阵指定数据类型。具体实现如下:

```
>>> import numpy as np
>>> arr1=np.array([1.2,2,3,4,5],dtype=np.int)        # 类型设置为整形
>>> print(arr1)
[1 2 3 4 5]
>>> arr1=np.array([1.2,2,3,4,5],dtype=np.float)      # 类型设置为浮点型
>>> print(arr1)
[ 1.2 2.  3.  4.  5.]
```

　　代码解析:创建了一维矩阵,并使用"dtype"关键字将矩阵的数据类型设置为不同类型。
　　有时需要在创建矩阵时,将矩阵赋初值,此时需要使用"zeros()"方法和"ones()"方法。具体实现如下:

```
>>> arr1=np.zeros((4,5))
>>> print(arr1)
[[ 0. 0. 0. 0. 0.]
 [ 0. 0. 0. 0. 0.]
```

```
         [ 0.  0.  0.  0.  0.]
         [ 0.  0.  0.  0.  0.]]
```

代码解析:功能是创建 4 行 5 列的数值全 0 矩阵。

```
>>> arr2=np.ones((4,5))
>>> print(arr2)
[[ 1.  1.  1.  1.  1.]
 [ 1.  1.  1.  1.  1.]
 [ 1.  1.  1.  1.  1.]
 [ 1.  1.  1.  1.  1.]]
```

代码解析:功能是创建 4 行 5 列的数值全 1 矩阵。

还可以将矩阵选定在特定的范围内进行分片。具体实现如下:

```
>>> arr1=np.arange(5)
>>> print(arr1)
[0 1 2 3 4]
>>> arr2=np.arange(0,5,2)
>>> print(arr2)
[0 2 4]
```

代码解析:使用"arange()"方法创建一个从 0 到 4 的一维矩阵,也可将矩阵设置特定的步长。

修改矩阵的形状。具体实现如下:

```
>>> arr3=np.arange(9).reshape(3,3)
>>> print(arr3)
[[0 1 2]
 [3 4 5]
 [6 7 8]]
```

代码解析:原本矩阵是 9 行的一维矩阵,调用"reshape()"方法后可以改变形状,变为 3 行 3 列的二维矩阵。

矩阵可以创建线段型数据。具体实现如下:

```
>>> arr1=np.linspace(0,5,10)
>>> print(arr1)
[ 0. 0.55555556 1.11111111  1.66666667 2.22222222 2.77777778
 3.33333333 3.88888889 4.44444444 5.]
```

代码解析：调用"linspace()"方法，实现数据从 0 到 5 平均分为 10 个数值并生成线段。然后创建线型数据也可以使用"reshape()"方法改变矩阵的形状。

3. 基本运算

"numpy"模块运算是矩阵的相关运算，首先详细讲解一维矩阵的基本运算。具体实现如下：

```
>>> import numpy as np
>>> x=np.array([1,2,3,4])
>>> y=np.arange(5,9)
>>> z=x-y          # 矩阵减法
>>> print(z)
[-4 -4 -4 -4]
>>> z=x+y          # 矩阵加法
>>> print(z)
[ 6  8 10 12]
>>> z=x*y          # 矩阵乘法
>>> print(z)
[ 5 12 21 32]
>>> z=x/y          # 矩阵除法
>>> print(z)
[ 0.2        0.33333333 0.42857143 0.5]
>>> z=x**3         # 矩阵 x 的 3 次方
>>> print(z)
[ 1  8 27 64]
```

代码解析：一维矩阵的基本运算和变量的运算并无太大区别，均可直接使用"+"、"-"、"*"、和"/"等运算符进行运算。

可以使矩阵进行关系运算或者调用某些数学函数。具体实现如下：

```
>>> print(x<2)        # 矩阵关系运算 判断矩阵中的每个元素是否小于数值 2
[ True False False False]
>>> print(x==y)       # 矩阵关系运算 判断矩阵 x 和矩阵 y 对应元素是否相等
[False False False False]
>>> z=np.sin(x)       # 矩阵求正弦值
>>> print(z)
[ 0.84147098 0.90929743 0.14112001 -0.7568025 ]
```

下面简要讲解多维矩阵的基本运算，多维矩阵的运算和一维矩阵运算有较大的区别。具体实现如下：

```
>>> import numpy as np
>>> arr1=np.array([[1,2,],[3,4]])
>>> arr2=np.arange(5,9).reshape(2,2)
>>> arr3=np.dot(arr1,arr2)
>>> print(arr3)
[[19 22]
 [43 50]]
```

代码解析：实现了 2 行 2 列矩阵相乘。需要注意，矩阵相乘的必要条件是"arr1"矩阵的列数和"arr2"矩阵的行数必须相等。

当矩阵中行或列较多时，查找矩阵的最大或最小值等运算时就显得较为复杂了，此时可以使用相关的运算方法方便矩阵运算。具体实现如下：

```
>>> print(np.min(arr3))           # 求矩阵中最小值
19
>>> print(np.max(arr3))           # 求矩阵中最大值
50
>>> print(np.sum(arr3))           # 求矩阵所有元素的和
134
>>> print(np.mean(arr3))          # 求矩阵所有元素的平均值
33.5
>>> print(np.median(arr3))        # 求矩阵所有元素的中位数
32.5
```

4. 索引操作

矩阵也可像列表元组一样根据索引输出对应数据，但是一维矩阵和二维矩阵有所区别，首先详细讲解一维矩阵的索引操作。

一维矩阵读取索引语法格式如下：

```
矩阵对象 [ 索引号 ]
```

具体实现如下：

```
>>> import numpy as np
>>> arr1=np.arange(10)
>>> print(arr1[1])                # 打印输出索引号为 1 的数据
1
>>> arr1=arr1.reshape(2,5)
>>> print(arr1[1])                # 打印输出第二行数据的数据
[5 6 7 8 9]
```

代码解析：一维矩阵根据索引读取数值的方式和列表、元组的方法基本一样。将一维矩阵转换为二维矩阵后，如果使用相同的读索引的方式，就只能读取到其中的某一行的数值。

那么二维矩阵如何读取其中的某个元素数值。具体实现如下：

二维矩阵读取索引语法格式如下：

> 矩阵对象 [行索引][列索引]

具体实现如下：

```
>>> print(arr1[0][1])          # 打印输出第 1 行第 2 列数据
1
```

可以实现读写二维矩阵相对应索引的数值。

对矩阵在一定范围内进行分片操作，矩阵的分片操作和列表的分片操作类似。具体实现如下：

```
>>> print(arr1[0,2:])# 打印输出第 1 行第 3 列之后的本行所有数值
[2 3 4]
```

5. 矩阵合并

将多个矩阵进行合并有两种方式，一种是上下合并，另一种是左右合并。先介绍矩阵的上下合并操作。具体实现如下：

```
>>> import numpy as np
>>> arr1=np.array([1,2,3])
>>> arr2=np.array([4,5,6])
>>> print(np.vstack((arr1,arr2)))
[[1 2 3]
 [4 5 6]]
```

代码解析：分别定义了两个矩阵"arr1"和"arr2"，调用"vatack()"方法实现矩阵"arr1"和"arr2"的上下合并，原本是两个 3 行的一维矩阵合并成一个 2 行 3 列的二维矩阵。

左右合并类似于列表或字符串的拼接。具体实现如下：

```
>>> import numpy as np
>>> arr1=np.array([1,2,3])
>>> arr2=np.array([4,5,6])
>>> print(np. hstack ((arr1,arr2)))
[1 2 3 4 5 6]
```

代码解析：调用"hstack()"方法将一维矩阵"arr1"和"arr2"合并生成新的一维矩阵，且总元素是矩阵"arr1"和"arr2"元素的拼接。

6. 矩阵转置

矩阵转置操作,使用语法如下:

矩阵对象 .T

具体实现如下:

```
>>> import numpy as np
>>> arr1=np.array([[1,2,3],[4,5,6],[7,8,9]])
>>> print(arr1)                    # 打印输出未转置的矩阵
[[1 2 3]
[4 5 6]
[7 8 9]]
>>> print(arr1.T)                  # 打印输出转置后的矩阵
[[1 4 7]
[2 5 8]
[3 6 9]]
```

代码解析:矩阵的转置就是行和列的互换。需要注意,一维矩阵的转置前后没有变化。

7. 矩阵分隔

矩阵分隔有三种方式,分别是:纵向分隔、横向分隔和不等量分隔,下面详细讲解这三种分隔方式。具体实现如下:

```
>>> import numpy as np
>>> arr1= np.arange(12).reshape((3, 4))
>>> print(np.split(arr1,2,axis=1))              # 纵向分隔
[array([[0, 1],
      [4, 5],
      [8, 9]]), array([[ 2,  3],
      [ 6,  7],
      [10, 11]])]
>>> print(np.split(arr1,3,axis=0))              # 横向分隔
[array([[0, 1, 2, 3]]), array([[4, 5, 6, 7]]), array([[ 8,  9, 10, 11]])]
>>> print(np.array_split(arr1,3,axis=1))        # 不等量分隔
[array([[0, 1],
      [4, 5],
      [8, 9]]), array([[ 2],
      [ 6],
      [10]]), array([[ 3],
      [ 7],
```

```
            [11]])]
```

代码解析：调用"split()"方法和"array_split()"方法分别实现等量分隔和不等量分隔，仅需改变参数"axis"的值就可以选择纵向分隔还是横向分隔。需要注意，当选择等量分隔后，分隔的行数或者列数必须要等量对分，否则就会报错。

知识拓展

矩阵中使用"="号实现赋值操作和使用"copy()"方法实现拷贝操作有一定的区别。赋值操作带有关联性，例如，矩阵 A= 矩阵 B，矩阵 C= 矩阵 A，当矩阵 A 的值改变后，矩阵 B、C 的值都会随之改变和矩阵 A 的相等。拷贝操作不具有关联性，例如，矩阵 A= 矩阵 B.copy()，当矩阵 B 的数值改变后，矩阵 A 的数值并不改变。

8.1.2 pandas 模块学习

"pandas"模块是基于"numpy"模块构建的，它使"numpy"为中心的应用变得更加简单。要使用"pandas"模块，需要了解它的两个主要数据结构："Series"和"DataFrame"。

1. 基础知识及运用

"Series"类似于字典，主要特点体现为索引在左边，值在右边。具体实现如下：

```
>>> import pandas as pd
>>> import numpy as np
>>> num=pd.Series([1,2,3,"Python"])
>>> print(num)
0          1
1          2
2          3
3       Python
dtype: object
```

代码解析：导入"pandas"模块，调用"Series"方法，就会自动创建一个 0 到 N-1 的整数型索引。

"DataFrame"相当于是"Series"组成的字典，只不过既有行索引也有列索引。具体实现如下：

```
>>> import pandas as pd
>>> import numpy as np
>>> dates = pd.date_range('20180101',periods=3)
>>> df = pd.DataFrame(np.random.randn(3,3),index=dates,columns=[1,2,3])
>>> print(df)
                 1            2            3
```

```
2018-01-01 -1.230292 -0.734419  2.578721
2018-01-02 -0.561365 -1.018703 -1.152734
2018-01-03 -1.287677 -1.013893 -0.982593
```

代码解析：观察输出的数据可以发现，"DataFrame"是一个表格数据结构。用户自定义一个 3 行 3 列的表格，然后指定行索引为 1、2、3，列索引为 2018-01-01、2018-01-02、2018-01-03。

当创建"Series"数据结构和"DataFrame"数据结构后，可以进行简单的运用。

（1）根据列索引输出对应的数据

```
>>> import pandas as pd
>>> import numpy as np
>>> dates = pd.date_range('20180101',periods=3)
>>> df = pd.DataFrame(np.random.randn(3,3),index=dates,columns=[1,2,3])
>>> print(df[1])        # 输出索引号为 1 的列的数据
2018-01-01   -0.217424
2018-01-02   -0.637768
2018-01-03   -0.194733
Freq: D, Name: 1, dtype: float64
```

（2）指定行、列的索引

通常未指定行、列索引时系统默认会从 0 开始到 N-1，但是为了方便实际的运用，可以自定义行列索引。具体实现如下：

```
>>> num = pd.DataFrame({'A' : 1,
                        'B' : pd.Timestamp('20180101'),
                        'C' : pd.Series(1,index=list(range(4)),dtype='float32'),
                        'D' : np.array([3] * 4,dtype='int32'),
                        'E' : pd.Categorical(["id1","id2","id3","id4"]),
                        'F' : 'Python'})
>>> print(num)
   A        B  C  D    E       F
0  1 2018-01-01  1.0  3  id1  Python
1  1 2018-01-01  1.0  3  id2  Python
2  1 2018-01-01  1.0  3  id3  Python
3  1 2018-01-01  1.0  3  id4  Python
```

（3）数据翻转

还可以数据翻转，行列转换。具体实现如下：

```
>>> print(num.T)
                        0                    1                    2 \
A                       1                    1                    1
B 2018-01-01 00:00:00  2018-01-01 00:00:00  2018-01-01 00:00:00
C                       1                    1                    1
D                       3                    3                    3
E                     id1                  id2                  id3
F                  Python               Python               Python

                        3
A                       1
B 2018-01-01 00:00:00
C                       1
D                       3
E                     id4
F                  Python
```

（4）pandas 数据筛选和赋值

pandas 的数据筛选和赋值操作，需要创建一个"DataFrame"类型的矩阵。具体实现如下：

```
>>> dates = pd.date_range('20180101', periods=6)
>>> num = pd.DataFrame(np.arange(24).reshape((6,4)),index=dates, columns=['A','B',
'C','D'])
>>> print(num)
             A   B   C   D
2018-01-01   0   1   2   3
2018-01-02   4   5   6   7
2018-01-03   8   9  10  11
2018-01-04  12  13  14  15
2018-01-05  16  17  18  19
2018-01-06  20  21  22  23
```

对这个矩阵中的数据进行简单的筛选操作。

（5）读取数据

之前章节已经讲解过，读取矩阵中数据的某一列的操作，只需要选择对应的列索引。具体实现如下：

```
>>> print(num['A'])          # 或者使用 print(num.A) 语句,列操作
2018-01-01     0
2018-01-02     4
```

```
2018-01-03      8
2018-01-04      12
2018-01-05      16
2018-01-06      20
Freq: D, Name: A, dtype: int32
```

还可以进行分片输出多行多列。具体实现如下：

```
>>> print(num[0:2]) # 行操作
            A  B C D
2018-01-01  0  1  2  3
2018-01-02  4  5  6  7
```

（6）筛选数据

筛选数据主要有四种方式，根据行、列标签筛选、根据序列筛选、混合筛选和条件筛选。
根据行、列标签筛选使用的是"loc"属性。具体实现如下：

```
>>> print(num.loc['20180101'])      # 输出"20180101"这行数据
A  0
B  1
C  2
D  3
Name: 2018-01-01 00:00:00, dtype: int32
>>> print(num.loc['20180102','B'])               # 输出"20180102"行，"B"列的数据
5
>>> print(num.loc[:,['C','D']])                  #":"代表所有行
            C  D
2018-01-01  2   3
2018-01-02  6   7
2018-01-03  10  11
2018-01-04  14  15
2018-01-05  18  19
2018-01-06  22  23
```

根据序列筛选使用的是"iloc"属性。具体实现如下：

```
>>> print(num.iloc[0,0])          # 输出 0 行 0 列索引的数据
0
>>> print(num.iloc[0:3,0:3])      # 输出 0-2 行, 0-2 列索引的数据
            A  B  C
```

```
2018-01-01  0  1  2
2018-01-02  4  5  6
2018-01-03  8  9  10
>>> print(num.iloc[[0,3],0:3])          # 输出 0 行和 2 行索引, 0-2 列索引对应的数据
            A  B   C
2018-01-01  0  1   2
2018-01-04  12 13  14
```

混合筛选是将标签筛选和序列筛选结合使用, 使用的是 "ix" 属性。具体实现如下:

```
>>> print(num.ix[:2,['B','C']])
            B  C
2018-01-01  1  2
2018-01-02  5  6
```

最后讲解一下条件筛选, 可以提前设置约束条件然后筛选数据。具体实现如下:

```
>>> print(num.C)              # 输出 C 列标签的原始数据
2018-01-01    2
2018-01-02    6
2018-01-03   10
2018-01-04   14
2018-01-05   18
2018-01-06   22
Freq: D, Name: C, dtype: int32
>>> print(num.C>10)           # 判断 C 列标签大于 10 的数据
2018-01-01    False
2018-01-02    False
2018-01-03    False
2018-01-04    True
2018-01-05    True
2018-01-06    True
Freq: D, Name: C, dtype: bool
```

（7）赋值操作

在数据筛选的基础上, 可以根据实际需求更改矩阵中数据的值, 通常使用的方式是: 根据行、列设置、根据序列、标签设置和根据条件设置。

根据行列设置。具体实现如下:

```
>>> num['A']="NULL"        #A 行数据都设置为"NULL"字符串
>>> print(num)
             A  B  C  D
2018-01-01  NULL  1   2   3
2018-01-02  NULL  5   6   7
2018-01-03  NULL  9  10  11
2018-01-04  NULL 13  14  15
2018-01-05  NULL 17  18  19
2018-01-06  NULL 21  22  23
```

根据序列、标签设置。具体实现如下：

```
>>> num.iloc[0,0]=0                # 将第 0 行、0 列的数值赋值为 0
>>> num.loc['20180102','A']=4      # 将标签为"20180102"行、"A"列的数值赋值为 4
>>> print(num)
             A     B  C  D
2018-01-01   0     1   2   3
2018-01-02   4     5   6   7
2018-01-03  NULL   9  10  11
2018-01-04  NULL  13  14  15
2018-01-05  NULL  17  18  19
2018-01-06  NULL  21  22  23
```

根据条件设置。具体实现如下：

```
>>> num.A[num.A>10]='Yes'   # 在 A 列将所有大于 10 的数值赋值为字符串"Yes"
>>> print(num)
             A  B   C   D
2018-01-01   0  1   2   3
2018-01-02   4  5   6   7
2018-01-03   8  9  10  11
2018-01-04  Yes 13  14  15
2018-01-05  Yes 17  18  19
2018-01-06  Yes 21  22  23
```

可以将一条新的数据追加到旧矩阵数据中。具体实现如下：

```
>>> num['E']=pd.Series([1,2,3,4,5,6],index=pd.date_range("20180101",periods=6)
# 添加新列 E
>>> print(num)
```

```
          A  B  C  D  E
2018-01-01  0   1   2   3   1
2018-01-02  4   5   6   7   2
2018-01-03  8   9  10  11   3
2018-01-04 Yes 13  14  15   4
2018-01-05 Yes 17  18  19   5
2018-01-06 Yes 21  22  23   6
```

需要注意,新列的长度和旧的矩阵数据长度必须一致。

2. 数据合并

数据合并就是将多条数据合并成一条矩阵数据集,进行分析处理。数据合并有两方式:"concat( )"方法和"merge( )"方法。

（1）"concat( )"方法

具体实现如下:

```
>>> import pandas as pd
>>> import numpy as np
>>> num1 = pd.DataFrame(np.ones((3,4))*0, columns=['A','B','C','D'])
>>> num2 = pd.DataFrame(np.ones((3,4))*1, columns=['A','B','C','D'])
>>> num3 = pd.DataFrame(np.ones((3,4))*2, columns=['A','B','C','D'])
>>> res = pd.concat([num1, num2, num3], axis=0, ignore_index=True)
>>> print(res)
     A    B    C    D
0  0.0  0.0  0.0  0.0
1  0.0  0.0  0.0  0.0
2  0.0  0.0  0.0  0.0
3  1.0  1.0  1.0  1.0
4  1.0  1.0  1.0  1.0
5  1.0  1.0  1.0  1.0
6  2.0  2.0  2.0  2.0
7  2.0  2.0  2.0  2.0
8  2.0  2.0  2.0  2.0
```

代码解析:创建三个数据矩阵,调用"concat( )"方法将数据矩阵合并。其中参数"axis=0"是预设值,未设置任何参数时,默认为 0,参数"ignore_index=True"的作用是使列索引重置,从 0 开始计数。

"concat( )"方法可以使不同的数据矩阵合并后依照"column"(列标签名)来做纵向合并,有相同的"column"上下合并在一起,其余的"column"自成列,原本没有值的位置均以 NaN(空值)填充。具体实现如下:

```
>>> import pandas as pd
>>> import numpy as np
>>> num1 = pd.DataFrame(np.ones((3,4))*0, columns=['A','B','C','D'],index=[1,2,3])
>>> num2 = pd.DataFrame(np.ones((3,4))*1, columns=['B','C','D','E'],index=[2,3,4])
>>> res = pd.concat([num1, num2], axis=0, join='outer')
>>> print(res)
     A     B    C    D    E
1  0.0   0.0  0.0  0.0   NaN
2  0.0   0.0  0.0  0.0   NaN
3  0.0   0.0  0.0  0.0   NaN
2  NaN   1.0  1.0  1.0   1.0
3  NaN   1.0  1.0  1.0   1.0
4  NaN   1.0  1.0  1.0   1.0
```

代码解析：创建两个矩阵数据，并且将数据的列标签设置为不同的标签名，数据合并后使用参数"join='outer'"将数据依照列标签名合并，没有数值的位置都被空值填充。

参数"join='outer'"是预设值，因此没有设定任何参数时，系统默认"join='outer'"。当参数"join='inner'"时，只将相同的"column"合并，其余的自动舍弃。具体实现如下：

```
>>> res = pd.concat([num1, num2], axis=0, join='inner')
>>> print(res)
     B    C    D
1  0.0  0.0  0.0
2  0.0  0.0  0.0
3  0.0  0.0  0.0
2  1.0  1.0  1.0
3  1.0  1.0  1.0
4  1.0  1.0  1.0
```

（2）"merge( )"方法

用于多组有"key column"的数据，统一索引数据。具体实现如下：

```
>>> import pandas as pd
>>> num1 = pd.DataFrame({'key': ['K0', 'K1', 'K2', 'K3'],
                         'A': ['A0', 'A1', 'A2', 'A3'],
                         'B': ['B0', 'B1', 'B2', 'B3']})
>>> num2 = pd.DataFrame({'key': ['K0', 'K1', 'K2', 'K3'],
                         'C': ['C0', 'C1', 'C2', 'C3'],
                         'D': ['D0', 'D1', 'D2', 'D3']})
>>> res = pd.merge(num1, num2, on='key')
```

```
>>> print(res)
   A  B  key  C  D
0 A0 B0 K0  C0 D0
1 A1 B1 K1  C1 D1
2 A2 B2 K2  C2 D2
3 A3 B3 K3  C3 D3
```

代码解析：分别创建了两个矩阵的数据，并且有一个公共"key column"，调用"merge( )"方法，根据"key column"进行合并。

8.2　数据可视化

之前章节中已经讲解了数据分析最常用的两个模块"numpy"模块和"pandas"模块，那么数据分析后得到的完整数据如何向读者进行展示呢？就需要用到"matplotlib"模块。

"matplotlib"模块是 Python 中功能非常强大的画图工具。它可以画出美观的线图、散点图、条形图、柱状图、3D 图甚至图片动画等。下面详细讲解"matplotlib"模块的使用。

8-2-1　基本使用

通过简单的案例，初步了解"matplotlib"模块的功能。具体实现如 CORE0801 所示。

CORE0801 使用"matplotlib"模块绘制一条"y=2x+1"的直线

```
import matplotlib.pyplot as plt
import numpy as np
x=np.linspace(-1,1,50)
y=2*x+1
plt.figure()
plt.plot(x,y)
plt.show()
```

上述代码绘制一条"y=2x+1"的直线。使用"np.linspace"定义 x：范围是 (-1,1)，生成 50 个数值点，确定"y"的数值为 2x+1，使用"plt.figure"定义一个图像窗口，使用"plt.plot"绘制 (x,y) 曲线，使用"plt.show"显示图像。

具体效果如图 8-1 所示。

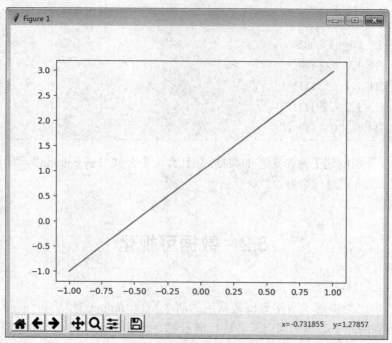

图 8-1　绘制"y=2x+1"直线

　　之前章节讲解"plt.figure()"方法和"plt.plot()"方法,功能分别是定义图像窗口和绘制曲线,可以修改这两个方法的参数达到不同的效果,将上述程序进行修改。具体实现如CORE0802 所示。

CORE0802 绘制曲线

```
import matplotlib.pyplot as plt
import numpy as np
x=np.linspace(-1,1,50)
y1=2*x+1
y2=x**2
plt.figure(num=3,figsize=(5,5))
plt.plot(x,y1)
plt.plot(x,y2,color="red",linewidth=2,linestyle="--")
plt.show()
```

　　代码解析:建立二次函数 y2,将窗口图像的编号改 3,大小设置为 (5, 5),接着绘制二次函数 y2,并设置曲线的颜色属性"color"为红色,曲线的宽度"linewidth"为 2,曲线的类型"linestyle"为虚线,使用 plt.show 显示图像。
　　具体效果如图 8-2 所示。

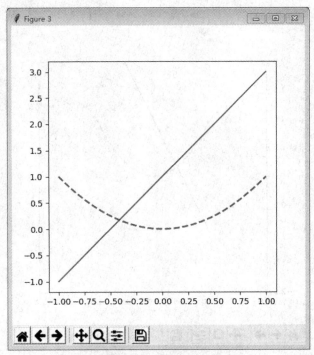

图 8-2　plot( )方法属性应用

可以修改坐标轴和名称。具体实现如 CORE0803 所示。

CORE0803 修改图像坐标轴和名称
plt.xlabel("X") plt.ylabel("Y") plt.xlim(-2,2) plt.ylim(-2,2)

代码解析：调用"xlabel 方法""ylabel"方法和"xlim() 方法""ylim()"方法将分析图像的 X 轴坐标命名为"X"，Y 轴坐标命名为"Y"，并将"X"轴和"Y"轴的范围设置为（-2,2）。

具体效果如图 8-3 所示。

如果感觉这种可视化样式不太美观，可以修改样式。具体实现如 CORE0804 所示。

CORE0804 边框样式修改
ax = plt.gca() ax.spines['right'].set_color('none') ax.spines['top'].set_color('none')

代码解析：调用"spines()"方法设置边框：右侧边框和上边框，调用"sct_color()"方法设置边框颜色，默认为白色。

具体效果如图 8-4 所示。

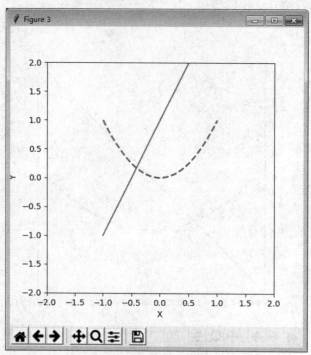

图 8-3　设置坐标名称

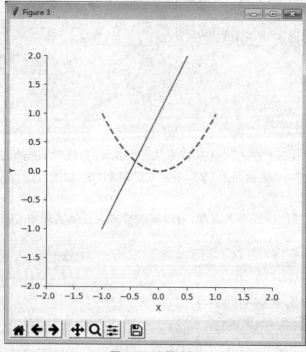

图 8-4　设置边框

　　为了展示出每个数据对应的图像名称，更好地让用户理解可视化图像的数据结构，需要使用到"matplotlib"中的"legend"图例。具体实现如 CORE0805 所示。

CORE0805 图例使用
plt.plot(x, y1, label='linear line')
plt.plot(x, y2, color='red', linewidth=1.0, linestyle='--', label='square line')
plt.legend(loc='upper right')

代码解析：使用"plot( )"方法中的"label"属性，调用"legend( )"方法，显示出图例信息。具体效果如图 8-5 所示。

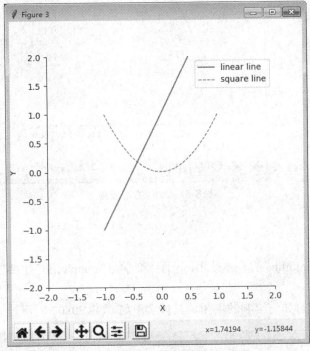

图 8-5　显示图例

为了增强可读性，可以为可视化图片添加注释说明。具体实现如 CORE0806 所示。

CORE0806 注释使用
plt.text(-1,-1, r'$ test $',fontdict={'size': 16, 'color': 'r'})

代码解析：调用"text( )"方法，在（-1,-1）的位置开始添加注释说明"test"，使用"fontdict"参数设置大小为 16，颜色为红色。

具体效果如图 8-6 所示。

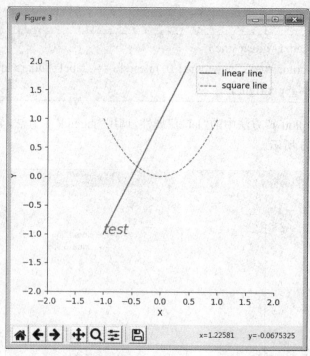

图 8-6   text() 方法应用

8.2.2   绘图种类

之前讲解了"matplotlib"的基本使用,下面详细学习"matplotlib"主要的画图种类。

1. 散点图

通过应用案例学习如何绘制散点图。具体实现如 CORE0807 所示。

CORE0807 绘制高斯分布散点图

```
import matplotlib.pyplot as plt
import numpy as np
n = 1000                                    #1000 个数据点
X = np.random.normal(0, 1, n)   # 高斯分布 / 正态分布
Y = np.random.normal(0, 1, n)
plt.scatter(X, Y, s=75, c="Y", alpha=.5)
plt.xlim(-1.5, 1.5)
plt.xticks(())                              # 隐藏 X 轴坐标
plt.ylim(-1.5, 1.5)
plt.yticks(())                              # 隐藏 X 轴坐标
plt.show()
```

代码解析:创建 1000 个高斯分布数据集,调用"scatter( )"方法,将数据集可视化,大小为 75,颜色为黄色,透明度为 50%,最后 X、Y 轴显示范围为 (-1.5, 1.5),并用"xtick( )"方法和

"ytick( )"方法来隐藏 X 轴和 Y 轴坐标。

具体效果如图 8-7 所示。

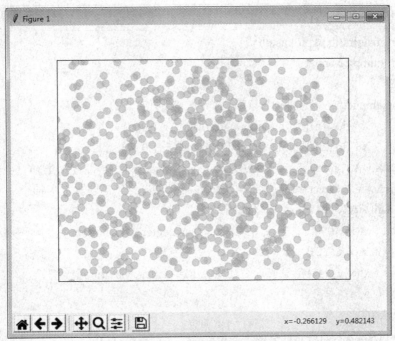

图 8-7　绘制高斯散点图

知识拓展

高斯分布（正态分布）曲线，两头低，中间高，左右对称。因其曲线呈钟形，因此又称为钟形曲线。具体效果如图 8-8 所示。

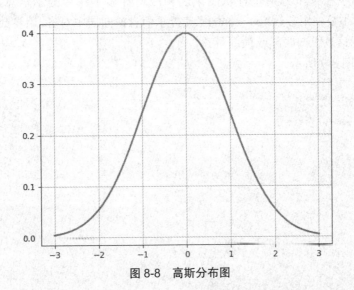

图 8-8　高斯分布图

2. 柱状图

通过应用案例学习如何绘制柱状图。具体实现如 CORE0808 所示。

CORE0808 绘制柱状图

```python
import matplotlib.pyplot as plt
import numpy as np
n = 12
X = np.arange(n)    # 生成 12 条数据，获取 X 的值（0-11）
Y1 = (1 - X / float(n)) * np.random.uniform(0.5, 1.0, n)
Y2 = (1 - X / float(n)) * np.random.uniform(0.5, 1.0, n)
plt.bar(X, +Y1, facecolor='#9999ff', edgecolor='white')    # 设置上半轴
plt.bar(X, -Y2, facecolor='#ff9999', edgecolor='white')    # 设置下半轴
for x, y in zip(X, Y1):    # 注释说明
    plt.text(x + 0.4, y + 0.05, '%.2f' % y, ha='center', va='bottom')
for x, y in zip(X, Y2):
    plt.text(x + 0.4, -y - 0.05, '%.2f' % y, ha='center', va='top')
plt.xlim(-.5, n)
plt.xticks(())
plt.ylim(-1.25, 1.25)
plt.yticks(())
plt.show()
```

代码解析：随机生成 12 条 X、Y1 和 Y2 的数据集，定义上下方两个柱状图并用"facecolor"参数将上方柱状图设置为浅蓝色，下方柱状图设置为粉红色，用"edgecolor"参数将边框颜色设置为白色。分别在上下方两个柱状图中的相应位置显示注释提示信息，添加数值，并用"%.2f"保留两位小数。用参数"ha='center'"使提示信息横向居中对齐，用参数"va='bottom'"或"va='top'"使提示信息纵向底部或顶部对齐。

具体效果如图 8-9 所示。

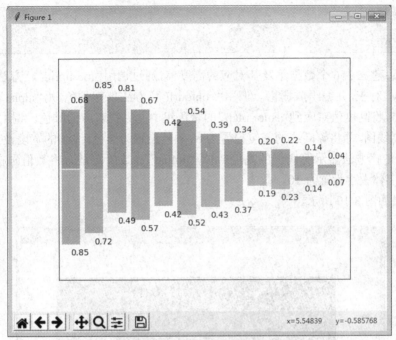

图 8-9　绘制柱状图

3. 等高线图

通过应用案例学习如何绘制等高线图。具体实现如 CORE0809 所示。

CORE0809 绘制等高线图

```python
import matplotlib.pyplot as plt
import numpy as np
def f(x,y):
    return (1 - x / 2 + x**6 + y**3) * np.exp(-x**2 -y**2)
#256 个数据集点
n = 256
x = np.linspace(-3, 3, n)
y = np.linspace(-3, 3, n)
# 将每一个 x 和每一个 y 分别对应起来，编织成栅格
X,Y = np.meshgrid(x, y)
# 色彩填充
plt.contourf(X, Y, f(X, Y), 8, alpha=.75, cmap=plt.cm.hot)
# 绘制等高线
C = plt.contour(X, Y, f(X, Y), 8, colors='black', linewidth=.5)
# 显示等高线的数值
plt.clabel(C, inline=True, fontsize=10)
plt.xticks(())
```

```
plt.yticks(())
plt.show()
```

代码解析:建立 256 个数据集及其对应的高度值,通过调用"meshgrid( )"方法使二维平面上的"x"和"y"对应,并编织成栅格。调用"contourf( )"方法填充颜色,用"alpha"参数将透明度设置为 0.75,将高度值对应到"color map"的暖色组中并寻找对应的颜色。调用"contour( )"方法绘制等高线图,并将等高线的密度设置为 8,颜色设置为黑色,线条的宽度设置为 0.5。最后调用"clabel( )"方法显示等高线的高度数值,"inline"参数确定是否将数值画在线内,"fontsize"参数将字体大小设置为 10。

具体效果如图 8-10 所示。

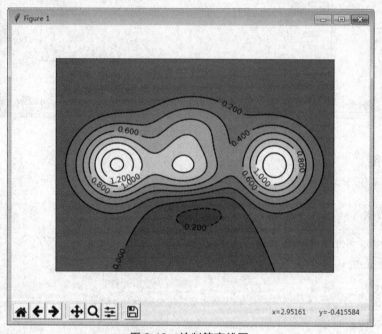

图 8-10　绘制等高线图

4. 3D 绘图

通过应用案例学习如何绘制 3D 图像。具体实现如 CORE0810 所示。

```
CORE0810 绘制 3D 图像

import numpy as np
import matplotlib.pyplot as plt
from mpl_toolkits.mplot3d import Axes3D
fig = plt.figure()
# 将坐标轴设置为 3D 效果
ax = Axes3D(fig)
X = np.arange(-4, 4, 0.25)
```

```
Y = np.arange(-4, 4, 0.25)
# 将 x 和 y 对应 设置为平面网格
X, Y = np.meshgrid(X, Y)
R = np.sqrt(X ** 2 + Y ** 2)
# 设置高度
Z = np.cos(R)
# 设置 3D 图形的跨度和颜色
ax.plot_surface(X, Y, Z, rstride=1, cstride=1, cmap=plt.get_cmap('rainbow'))
# 设置投影方式
ax.contourf(X, Y, Z, zdir='z', offset=-2, cmap=plt.get_cmap('rainbow'))
# 设置高度的范围
ax.set_zlim(-2,2)
plt.show()
```

代码解析：导入模块"mpl_toolkits.mplot3d"，将坐标轴设置为 3D 效果，设置了 X、Y 和 Z 的数值。调用"plot_surface( )"方法用"rstride"和"cstride"参数设置 3D 图形的跨度，用"cmap"参数设置 3D 图形的颜色。调用"contourf( )"方法用"zdir"参数设置投影的方式，使用"offset"参数设置等高线位置，使用"cmap"参数设置图形颜色，最后调用"set_zlim( )"函数设置图形高度在 -2 到 2 之间。

具体效果如图 8-11 所示。

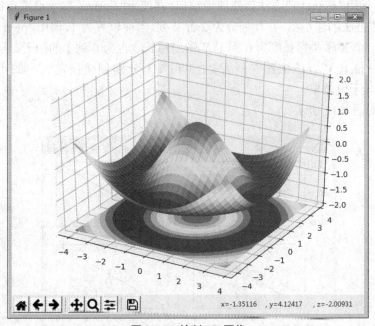

图 8-11 绘制 3D 图像

8.2.3　多图合并

1. 多图合并

之前章节中讲解了"matplotlib"模块如何绘制不同种类的图形,而在实际开发中为了观察比较数据,会将许多的小图合并为一张大图显示,此时需要用到"subplot( )"方法。具体实现如CORE0811 所示。

CORE0811 大小相同多图合并

```python
import matplotlib.pyplot as plt
plt.figure(figsize=(6, 4))
plt.subplot(2, 2, 1)
plt.plot([0, 1], [0, 1])
plt.subplot(2,2,2)
plt.plot([0, 1], [0, 2])
plt.subplot(2,2,3)
plt.plot([0, 1], [0, 3])
plt.subplot(2,2,4)
plt.plot([0, 1], [0, 4])
plt.tight_layout()
plt.show()
```

代码解析:调用"figure( )"方法创建图像窗口,并使用"figsize"参数设置窗口的大小,调用"subplot(2,2,1)"方法创建小图,并且划分为 2 行 2 列,当前位置为 1,调用"plot( )"方法在第一个位置上创建一个 X 轴坐标长度为 0 到 1,Y 轴坐标长度也为 0 到 1 的图形。同理,调用"subplot( )"方法和"plot( )"方法依次在位置 2、3 和 4 上分别创建指定大小的小图,最后使用"show( )"方法显示出效果。

具体效果如图 8-12 所示。

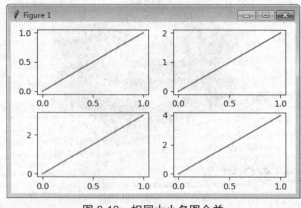

图 8-12　相同大小多图合并

可以将大小不一的图像进行合并显示。具体实现如 CORE0812 所示。

CORE0812 大小不同多图合并

```
import matplotlib.pyplot as plt
plt.figure(figsize=(6, 4))
plt.subplot(2, 1, 1)
plt.plot([0, 1], [0, 1])
plt.subplot(2,3,4)
plt.plot([0, 1], [0, 2])
plt.subplot(2,3,5)
plt.plot([0, 1], [0, 3])
plt.subplot(2,3,6)
plt.plot([0, 1], [0, 4])
plt.show()
```

代码解析：使用"subplot( )"方法，创建 2 行 1 列的小图，并且设置当前位置为 1，为了创建不均匀图中图，创建了一个 2 行 3 列的小图，并使用"plot( )"方法依次创建图形，最后进行显示。

具体效果如图 8-13 所示。

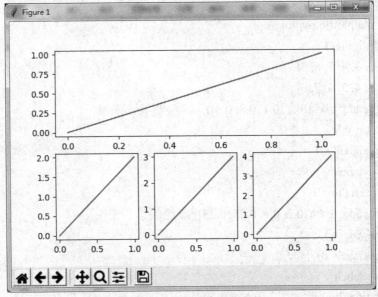

图 8-13　不同大小多图合并

2. 图中图

下面讲解"matplotlib"中非常有趣的绘图功能：图中图。观察运行后的效果图。具体效果如图 8-14 所示。

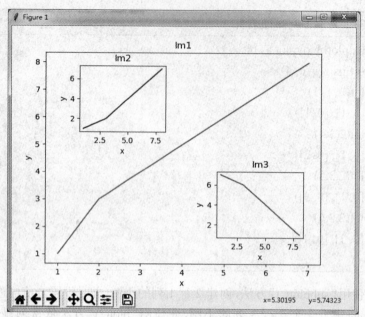

图 8-14   图中图

具体实现如 CORE0813 所示。

CORE0813 图中图

```python
import matplotlib.pyplot as plt
fig = plt.figure()
x = [1, 2, 3, 4, 5, 6, 7]
y = [1, 3, 4, 5, 6, 7, 8]
ax1 = fig.add_axes([0.1, 0.1, 0.8, 0.8])    # 绘制第一张图
ax1.plot(x, y, 'r')
ax1.set_xlabel('x')
ax1.set_ylabel('y')
ax1.set_title('Im1')
ax2 = fig.add_axes([0.2, 0.6, 0.25, 0.25]) # 绘制第二张图
ax2.plot(y, x, 'b')
ax2.set_xlabel('x')
ax2.set_ylabel('y')
ax2.set_title('Im2')
plt.axes([0.6, 0.2, 0.25, 0.25]) # 绘制第三张图
plt.plot(y[::-1], x, 'g')                    # 倒序输出
plt.xlabel('x')
plt.ylabel('y')
plt.title('Im3')
plt.show()
```

代码解析：调用"add_axes( )"方法绘制第一张图，其中的 4 个参数是指占整个 figure 坐标系的百分比。在本程序中，假设 figure 的大小是 10*10，那么绘制的图形就是由 (1,1) 开始，宽为 8，高为 8 的坐标系，使用"plot( )"方法绘制线段，并且绘制颜色设置为红色。接着绘制第二、三张图，设置好绘制图形占整个 figure 坐标系的百分比，然后进行线段绘制，最后进行显示。

8.2.4 动态绘图

为了分析数据的走向趋势，需要预测分析绘制图形，此时就需要用到动态演变绘图。具体实现如 CORE0814 所示。

```
CORE0814 动态绘图

import numpy as np
from matplotlib import pyplot as plt
from matplotlib import animation
fig, ax = plt.subplots()
x = np.arange(0, 2*np.pi, 0.01)
line, = ax.plot(x, np.sin(x))
def animate(i):      # 动态绘制函数
    line.set_ydata(np.sin(x + i/10.0))
    return line,
def init():          # 初始化函数
    line.set_ydata(np.sin(x))
    return line,
ani=animation.FuncAnimation(fig=fig,func=animate, frames=100, init_func=init,
                            interval=20, blit=False)
plt.show()
```

代码解析：使用"arange( )"建立一个正弦曲线数据集，范围为 0~2n，自定义"animate( )"动态绘制函数更新每一帧上的数值，参数 i 表示第 i 帧。自定义"init( )"初始化函数，初始化开始帧，最后调用"FuncAnimation( )"函数生成动画，参数说明如下：

➢ "fig"参数：进行动画绘制的 figure。

➢ "func"参数：自定义动画函数，传入自定义的动态绘制函数 animate。

➢ "frames"参数：动画长度，一次循环包含的帧数。

➢ "init_func"参数：自定义开始帧，传入自定义的初始化函数 init。

➢ "interval"参数：动画更新频率，单位为 ms。

➢ "blit"参数：选择更新所有点，或仅更新产生变化的点。应选择 True，但 mac 用户选择 False，否则无法显示动画。

具体效果如图 8-15 所示。

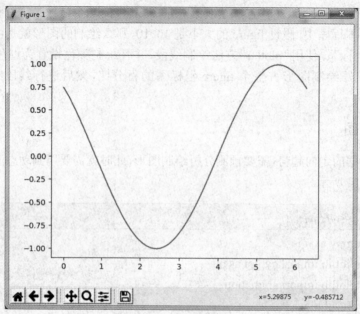

图 8-15　动态绘图

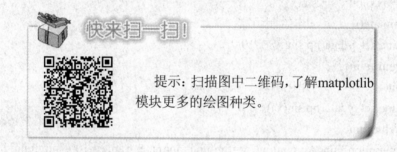

提示：扫描图中二维码，了解matplotlib
模块更多的绘图种类。

8.3　项目案例：交互式图形显示

本项目案例使用"numpy"模块和"matplotlib"模块相关知识开发交互式图形显示。
本案例主要知识点如下：
➢ "numpy"模块相关科学计算和数学方法的使用。
➢ "matplotlib"模块按钮使用和可视化显示。
➢ 事件处理
具体代码实现如 CORE0815 所示。

CORE0815 交互式图形显示

```
from random import choice
import numpy as np
import matplotlib.pyplot as plt
from matplotlib.widgets import RadioButtons, Button
#3 中不同频率的信号
t = np.arange(0.0, 2.0, 0.01)
s0 = np.sin(2*np.pi*t)
s1 = np.sin(4*np.pi*t)
s2 = np.sin(8*np.pi*t)
# 创建图形
fig, ax = plt.subplots()
l, = ax.plot(t, s0, lw=2, color='red')
plt.subplots_adjust(left=0.3)
# 定义允许的几种频率，并创建单选钮组件
# 其中 [0.05, 0.7, 0.15, 0.15] 表示组件在窗口上的归一化位置
axcolor = 'lightgoldenrodyellow'
rax = plt.axes([0.05, 0.7, 0.15, 0.15], facecolor=axcolor)
radio = RadioButtons(rax, ('2 Hz', '4 Hz', '8 Hz'))
hzdict = {'2 Hz': s0, '4 Hz': s1, '8 Hz': s2}
def hzfunc(label):
    ydata = hzdict[label]
    l.set_ydata(ydata)
    plt.draw()
radio.on_clicked(hzfunc)
# 定义允许的几种颜色，并创建单选钮组件
rax = plt.axes([0.05, 0.4, 0.15, 0.15], facecolor=axcolor)
colors = ('red', 'blue', 'green')
radio2 = RadioButtons(rax, colors)
def colorfunc(label):
    l.set_color(label)
    plt.draw()
radio2.on_clicked(colorfunc)
# 定义允许的几种线型，并创建单选钮组件
rax = plt.axes([0.05, 0.1, 0.15, 0.15], facecolor=axcolor)
styles = ('-', '--', '-.', 'steps', ':')
radio3 = RadioButtons(rax, styles)
```

```
def stylefunc(label):
    l.set_linestyle(label)
    plt.draw()
radio3.on_clicked(stylefunc)
# 定义按钮单击事件处理函数，并在窗口上创建按钮
def randomFig(event):
    # 随机选择一个频率，同时设置单选钮的选中项
    hz = choice(tuple(hzdict.keys()))
    hzLabels = [label.get_text() for label in radio.labels]
    radio.set_active(hzLabels.index(hz))
    l.set_ydata(hzdict[hz])
    # 随机选择一个颜色，同时设置单选钮的选中项
    c = choice(colors)
    radio2.set_active(colors.index(c))
    l.set_color(c)
    # 随机选择一个线型，同时设置单选钮的选中项
    style = choice(styles)
    radio3.set_active(styles.index(style))
    l.set_linestyle(style)
    # 根据设置的属性绘制图形
    plt.draw()
axRnd = plt.axes([0.5, 0.015, 0.2, 0.045])
buttonRnd = Button(axRnd, 'Random Figure', color='0.6', hovercolor='r')
buttonRnd.on_clicked(randomFig)
# 显示图形
plt.show()
```

代码解析如下：

本案例使用"matplotlib"模块可视化显示，调用"RadioButtons ( )"方法创建三组单选按钮分别是："频率""颜色"和"线条"。点击"频率"组单选按钮调用"hzfunc( )"函数更新频率曲线，点击"颜色"组单选按钮调用"colorfunc( )"函数更新颜色，点击"线条"组单选按钮调用"stylefunc( )"函数更新线条。可以点击"Random Figure"按钮，触发"randomFig( )"函数随机选择频率、颜色和线条。

程序运行结果，如图 8-16 所示。

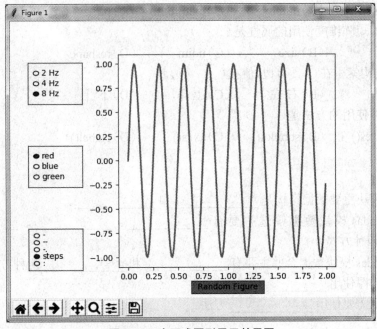

图 8-16　交互式图形显示效果图

8.4　小结

本章主要学习到的知识点如下：

➤ "numpy"模块。是一个科学计算包，支持 N 维矩阵运算、处理大型矩阵、成熟的广播函数库、矢量运算、线性代数、傅里叶变换、随机数生成等功能。

➤ "pandas"模块。是基于"numpy"的数据分析模块，提供了大量标准数据模型和高效操作大型数据集所需要的工具，它有两个主要数据结构："Series"和"DataFrame"。

➤ "matplotlib"模块。是 Python 中功能非常强大的画图工具。它可以画出美观的线图、散点图、条形图、柱状图、3D 图甚至是图片动画等。

8.5　练习八

一、选择题

1.（　　）模块支持维矩阵运算、矢量运算、线性代数、傅里叶变换、随机数生成等功能。

（A）pandas　　　　（B）numpy　　　（C）matplotlib　（D）np

2.（　　）模块提供了大量标准数据模型和高效操作大型数据集所需要的工具。

（A）pandas　　　　（B）numpy　　　（C）matplotlib　（D）pd

3. 查看一维矩阵维度使用的属性是（　　）.

（A）shape　　　　　（B）size　　　　　（C）ndim　　　　（D）reshape

4. Series 结构索引在（　　）边,值在（　　）边。

（A）左 右　　　　　（B）右 左　　　　（C）上 下　　　　（D）下 上

5. 多图合并使用的方法是（　　）。

（A）add_axes()　　（B）subplot()　　　（C）axes()　　　　（D）clabel()

二、填空题

1. pandas 模块主要数据结构是 _____ 和 _____。

2. 使用 pandas 模块数据筛选主要有 _____、_____、_____ 和 _____ 四种方式。

3. 使用 pandas 模块数据合并主要有 _____ 和 _____ 两种方式。

4. 绘制散点图使用 _____ 方法。

5. 动态绘图需要使用 _____ 方法。

三、编程题

1. 使用"matplotlib"模块将成绩单用柱状图的形式可视化。A: 90 分, B: 80 分, C: 59 分, D: 50 分, E: 73 分。

第 9 章　数据库支持

之前章节中将程序处理得到的数据存放在文本文件中,但是纯粹的文本文件可以实现的功能太少了,例如,不支持自动序列化、不支持并行数据访问、数据处理效率低等。所以本章需要借助数据库对程序数据进行存取。为了降低初学者学习 Python 数据库编程接口的门槛,本书主要讲解 SQLite 数据库(关系数据库)的操作。它不需要作为服务器独立运行,直接在本地文件上运行,而且在 Python,中 SQLite 数据库已经内嵌其中,使用时直接导入"sqlite3"模块。

➢ 了解 Python 的 SQLite 数据库。
➢ 掌握 SQLite 数据库增、删、读和写操作。

9.1　基础操作

使用"connect( )"方法创建数据库连接。具体实现如下:

```
>>> import sqlite3
>>> conn=sqlite3.connect("L1.db")
```

代码解析:需要导入"sqlite3",调用"connect( )"方法创建数据库文件连接,若此时文件不存在会自动新建文件。

创建数据库文件连接后可以获得连接的游标。具体实现如下:

```
>>> curs=conn.cursor()
```

连接的游标的主要作用是执行 SQL 查询,并且查询后确保数据库的修改真正保存到文件中。

可以使用"commit( )"方法实时提交修改内容。具体实现如下:

```
>>> conn.commit()
```

每次修改数据库后都会提交修改并进行保存,提高了数据库操作的安全性。

使用"close( )"方法实现数据库的关闭。具体实现如下:

```
>>> conn.close()
```

9.2 SQLite 数据库语句操作

在 SQLite 数据库中增、删、读和写是最基础的操作,下面详细介绍数据库的添加、查询、删除等操作。

9.2.1 添加数据

数据库成功创建"Connection"对象以后,再创建一个"Cursor"对象,并且调用"Cursor"对象的"execute( )"方法来执行数据库的创建和添加功能。具体实现如 CORE0901 所示。

```
CORE0901 数据库添加

>>> import sqlite3
>>> conn=sqlite3.connect("id1.db")    # 创建数据连接
>>> c=conn.cursor()                   # 连接游标
# 创建数据表
>>> c.execute('''CREATE TABLE stocks (date text, trans text, symbol text, qty real,
price real)''')
# 添加数据到数据库
>>> c.execute("INSERT INTO stocks VALUES ('2018-01-01','BUY', 'RHAT', 100,
35.14)")
>>> conn.commit()                     # 提交保存
>>> conn.close()                      # 关闭数据库
```

代码解析:调用"execute()"方法创建数据表,使用 INSERT 语句往数据库中添加一条数据。

9.2.2 查询数据

若查询数据库表中内容,需要重新创建"Connection"对象和"Cursor"对象,使用"execute()"方法查询。具体实现如 CORE0902 所示。

```
CORE0902 数据库查询

>>> import sqlite3
>>> conn=sqlite3.connect("id1.db")
```

```
>>> c=conn.cursor()
>>> for i in c.execute('SELECT * FROM stocks ORDER BY price'):# 遍历查询输出
    print(i)
('2018-01-01', 'BUY', 'RHAT', 100.0, 35.14)
>>> conn.commit()                                              # 提交保存
>>> conn.close()                                               # 关闭数据库
```

代码解析：使用"for"循环迭代输出数据库表中的每一条数据内容。

9.2.3 删除数据

下面讲解如何删除数据库表中内容。具体实现如 CORE0903 所示。

CORE0903 数据库删除

```
>>> import sqlite3
>>> conn=sqlite3.connect("id1.db")
>>> c=conn.cursor()
# 为了方便观察添加一条数据
>>> c.execute("INSERT INTO stocks VALUES ('2018-01-02','BUY', 'RHAT', 120,
38)")
<sqlite3.Cursor object at 0x00000000034E42D0>
# 遍历查询输出
>>> for i in c.execute('SELECT * FROM stocks ORDER BY price'):
    print(i)
('2018-01-01', 'BUY', 'RHAT', 100.0, 35.14)
('2018-01-02', 'BUY', 'RHAT', 120.0, 38.0)
# 删除数据
>>> c.execute("DELETE FROM stocks WHERE date='2018-01-01'")
<sqlite3.Cursor object at 0x00000000034E42D0>
# 遍历查询输出
>>> for i in c.execute('SELECT * FROM stocks ORDER BY price'):
    print(i)
('2018-01-02', 'BUY', 'RHAT', 120.0, 38.0)
>>> conn.commit()
>>> conn.close()
```

代码解析：为了方便观察对比，在"id1.db"数据库中添加一条数据，然后调用"execute()"方法使用 DELETE 语句删除时间是"2018-01-01"的数据信息。

9.3 项目案例：企业通讯录管理系统

之前章节中学习了 Python 基于"Tkinter"的 GUI 显示，本章学习到数据库的一些基本操作，下面结合这两章的知识点来做一个企业通讯录管理系统。

本案例主要知识点如下：

- Tkinter 标签、按钮、输入框、下拉列表等组件的使用。
- Tkinter"place"布局。
- 按钮事件处理。
- 数据库增、删、读和写操作。

具体代码实现如 CORE0904 和 CORE0905 所示。

第一步：实现本案例的图形化界面显示。

CORE0904 图形化界面显示

```python
import tkinter
import tkinter.ttk
import tkinter.messagebox
# 创建 tkinter 应用程序窗口
root = tkinter.Tk()
# 设置窗口大小和位置
root.geometry('500x500+400+300')
# 不允许改变窗口大小
root.resizable(False, False)
# 设置窗口标题
root.title(' 企业通讯录管理系统 ')
# 在窗口上放置标签组件和用于输入姓名的文本框组件
lbName = tkinter.Label(root, text=' 姓名：')
lbName.place(x=10, y=10, width=40, height=20)
entryName = tkinter.Entry(root)
entryName.place(x=60, y=10, width=150, height=20)
# 在窗口上放置标签组件和用于选择性别的组合框组件
lbSex = tkinter.Label(root, text=' 性别：')
lbSex.place(x=220, y=10, width=40, height=20)
comboSex = tkinter.ttk.Combobox(root,
                                values=(' 男 ', ' 女 '))
comboSex.place(x=270, y=10, width=150, height=20)
```

```python
# 在窗口上放置标签组件和用于输入年龄的文本框组件
lbAge = tkinter.Label(root, text=' 年龄：')
lbAge.place(x=10, y=50, width=40, height=20)
entryAge = tkinter.Entry(root)
entryAge.place(x=60, y=50, width=150, height=20)
# 在窗口上放置标签组件和用于输入部门的文本框组件
lbDepartment = tkinter.Label(root, text=' 部门：')
lbDepartment.place(x=220, y=50, width=40, height=20)
entryDepartment = tkinter.Entry(root)
entryDepartment.place(x=270, y=50, width=150, height=20)
# 在窗口上放置标签组件和用于输入电话号码的文本框组件
lbTelephone = tkinter.Label(root, text=' 电话：')
lbTelephone.place(x=10, y=90, width=40, height=20)
entryTelephone = tkinter.Entry(root)
entryTelephone.place(x=60, y=90, width=150, height=20)
# 在窗口上放置标签组件和用于输入 QQ 号码的文本框组件
lbQQ = tkinter.Label(root, text='QQ：')
lbQQ.place(x=220, y=90, width=40, height=20)
entryQQ = tkinter.Entry(root)
entryQQ.place(x=270, y=90, width=150, height=20)
# 在窗口上放置用来显示通讯录信息的表格，使用 Treeview 组件实现
frame = tkinter.Frame(root)
frame.place(x=0, y=180, width=480, height=280)
# 滚动条
scrollBar = tkinter.Scrollbar(frame)
scrollBar.pack(side=tkinter.RIGHT, fill=tkinter.Y)
#Treeview 组件
treeAddressList = tkinter.ttk.Treeview(frame,
                            columns=('c1', 'c2', 'c3','c4', 'c5', 'c6'),
                            show="headings",
                            yscrollcommand = scrollBar.set)
treeAddressList.column('c1', width=70, anchor='center')
treeAddressList.column('c2', width=40, anchor='center')
treeAddressList.column('c3', width=40, anchor='center')
treeAddressList.column('c4', width=120, anchor='center')
treeAddressList.column('c5', width=100, anchor='center')
treeAddressList.column('c6', width=90, anchor='center')
treeAddressList.heading('c1', text=' 姓名 ')
```

```
treeAddressList.heading('c2', text=' 性别 ')
treeAddressList.heading('c3', text=' 年龄 ')
treeAddressList.heading('c4', text=' 部门 ')
treeAddressList.heading('c5', text=' 电话 ')
treeAddressList.heading('c6', text='QQ')
treeAddressList.pack(side=tkinter.LEFT, fill=tkinter.Y)
# Treeview 组件与垂直滚动条结合
scrollBar.config(command=treeAddressList.yview)
# 添加按钮
buttonAdd = tkinter.Button(root, text=' 添加 ')
buttonAdd.place(x=120, y=140, width=80, height=20)
buttonDelete = tkinter.Button(root, text=' 删除 ')
buttonDelete.place(x=240, y=140, width=80, height=20)
# 事件循环
root.mainloop()
```

代码解析如下：

创建案例应用程序窗口，规定窗口大小尺寸，添加提示标签及输入框并设置好坐标布局的方式（place( ) 方法）。接着使用"Treeview"组件实现"Listview"组件的效果，并使"Treeview"组件和滚动条结合，用于数据库增、删、读和写的可视化。最后添加"添加"按钮和"删除"按钮，企业通讯录管理系统主界面显示编写完成。具体效果如图 9-1 所示。

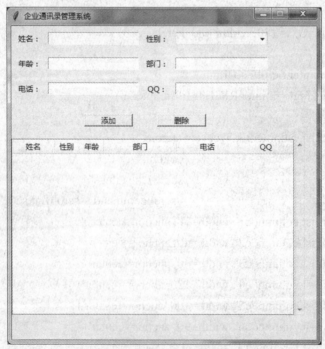

图 9-1　企业通讯录管理系统主界面

第二步：目前对企业通讯录没有数据库操作和事件处理，只可以显示界面，所以需要完善数据库操作和事件处理的代码部分。

CORE0905 完善数据库操作和事件处理

```python
def doSql(sql):
    ''' 用来执行 SQL 语句，尤其是 INSERT 和 DELETE 语句 '''
    with sqlite3.connect('data.db') as conn:
        cur = conn.cursor()
        cur.execute(sql)
        conn.commit()
nameToDelete = tkinter.StringVar('')
def treeviewClick(event):
    if not treeAddressList.selection():
        return
    item = treeAddressList.selection()[0]
    nameToDelete.set(treeAddressList.item(item, 'values')[0])
treeAddressList.bind('<Button-1>', treeviewClick)
def bindData():
    ''' 把数据库里的通讯录记录读取出来，然后在表格中显示 '''
    # 删除表格中原来的所有行
    for row in treeAddressList.get_children():
        treeAddressList.delete(row)
    # 读取数据库中的所有数据
    with sqlite3.connect('data.db') as conn:
        cur = conn.cursor()
        cur.execute('SELECT * FROM addressList ORDER BY id ASC')
        temp = cur.fetchall()
    # 把数据插入表格
    for i, item in enumerate(temp):
        treeAddressList.insert('', i, values=item[1:])
# 调用函数，把数据库中的记录显示到表格中
bindData()
# 在窗口上放置用于添加通讯录的按钮，并设置按钮单击事件函数
def buttonAddClick():
    # 检查姓名
    name = entryName.get().strip()
    if name == '':
        tkinter.messagebox.showerror(title=' 很抱歉 ', message=' 必须输入姓名 ')
```

```
        return
    # 姓名不能重复
    with sqlite3.connect('data.db') as conn:
        cur = conn.cursor()
        cur.execute('SELECT COUNT(id) from addressList where name="' + name
+ '"')
        c = cur.fetchone()[0]
    if c!=0:
        tkinter.messagebox.showerror(title=' 很抱歉 ', message=' 姓名不能重复 ')
        return
    # 获取选择的性别
    sex = comboSex.get()
    if sex not in (' 男 ', ' 女 '):
        tkinter.messagebox.showerror(title=' 很抱歉 ', message=' 性别不合法 ')
        return
    # 检查年龄
    age = entryAge.get().strip()
    if (not age.isdigit()) or (not 1<int(age)<100):
        tkinter.messagebox.showerror(title=' 很抱歉 ', message=' 年龄必须为 1 到
100 之间的数字 ')
        return
    # 检查部门
    department = entryDepartment.get().strip()
    if department == '':
        tkinter.messagebox.showerror(title=' 很抱歉 ', message=' 必须输入部门 ')
        return
    # 检查电话号码
    telephone = entryTelephone.get().strip()
    if telephone=='' or (not telephone.isdigit()):
        tkinter.messagebox.showerror(title=' 很抱歉 ', message=' 电话号码必须是
数字 ')
        return
    # 检查 QQ 号码
    qq = entryQQ.get().strip()
    if qq=='' or (not qq.isdigit()):
        tkinter.messagebox.showerror(title=' 很抱歉 ', message='QQ 号码必须是
数字 ')
        return
```

```
        # 所有输入都通过检查,插入数据库
        sql = 'INSERT INTO addressList(name,sex,age,department,telephone,qq) VAL-
UES("'\
            + name + '","' + sex + ',' + age + ',"' + department + '","'\
            + telephone + '","' + qq + '")'
        doSql(sql)
        # 添加记录后,更新表格中的数据
        bindData()
    buttonAdd = tkinter.Button(root, text=' 添加 ', command=buttonAddClick)
    buttonAdd.place(x=120, y=140, width=80, height=20)
    # 在窗口上放置用于删除通讯录的按钮,并设置按钮单击事件函数
    def buttonDeleteClick():
        name = nameToDelete.get()
        if name == '':
            tkinter.messagebox.showerror(title=' 很抱歉 ', message=' 请选择一条记录 ')
            return
        # 如果已经选择了一条通讯录,执行 SQL 语句将其删除
        sql = 'DELETE FROM addressList WHERE name="' + name + '"'
        doSql(sql)
        tkinter.messagebox.showinfo(' 恭喜 ', ' 删除成功 ')
        # 重新设置变量为空字符串
        nameToDelete.set('')
        # 更新表格中的数据
        bindData()
    buttonDelete = tkinter.Button(root, text=' 删除 ', command=buttonDeleteClick)
    buttonDelete.place(x=240, y=140, width=80, height=20)
```

代码解析如下:

输入框中输入相关信息后,点击“添加”按钮就会触发“buttonAddClick”事件函数。事件函数会判断输入是否符合要求,不符合要求就会弹出提示框消息,符合要求就会调用“doSql”函数存入到数据库中。最后将数据库中的数据读取出来,在“Treeview”组件中的表格中显示出来。具体效果如图 9-2 所示。

当点击“删除”按钮时,必须选定表格中的某位职工,点击触发“buttonDeleteClick”事件处理函数删除数据,最后将数据库中新的数据信息显示到“Treeview”组件中的表格中。具体效果如图 9-3 所示。

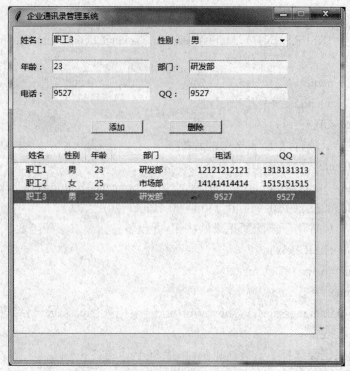

图 9-2 添加员工操作

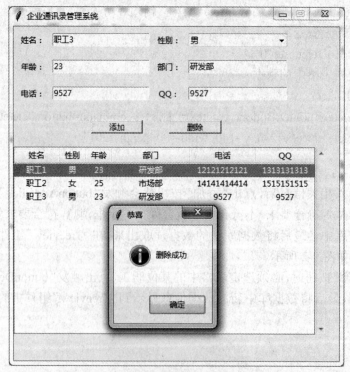

图 9-3 删除员工操作

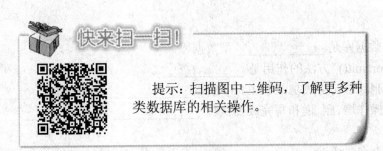

提示：扫描图中二维码，了解更多种类数据库的相关操作。

9.4　小结

本章主要学习知识点如下：

➢ SQLite 数据库。SQLite 数据库已经内嵌在 Python 中，使用时直接导入"sqlite3"模块，并且它不需要作为服务器独立运行，直接在本地文件上运行。

➢ 数据库增、删、读和写操作。数据库增、删、读和写操作之前必须先创建数据连接游标，然后进行增、删、读和写操作，操作完成后需要保存文件关闭数据库。

9.5　练习九

一、选择题

1. Python 用来访问和操作内置数据库 SQLite 的标准库是（　　）。

（A）Access　　　　　（B）sqlite3　　　（C）Oracle　　　　（D）Sybase

2. 用于删除数据库表 test 中所有 name 字段值为 '10001' 的记录的 SQL 语句为（　　）。

（A）delete from test where name='10001'

（B）delete from name='10001' where test

（C）delete test

（D）delete '10001'

3. 使用（　　）方法创建数据库连接。

（A）execute()　　　（B）commit()　　（C）connect()　　（D）cursor()

4. 数据库建立游标的作用是（　　）。

（A）打开数据库　　　　　　　　（B）关闭数据库

（C）执行 SQLite 查询，保存数据　　（D）提交数据库修改内容

5. 数据库的增、删、读和写操作都使用（　　）方法，只是使用的数据库指令不同。

（A）execute()　　（B）cursor()　　（C）commit()　　（D）connect()

二、填空题

1. SQLite 数据库是 ＿＿＿＿＿＿ 型数据库。

2. 使用"commit()"方法的作用是 ＿＿＿＿＿＿ 。

3. 数据库删除语句格式是：DELETE FROM＿＿＿＿＿＿WHERE＿＿＿＿＿＿。

4. 数据库操作增、删、读和写完成要执行 ＿＿＿＿＿＿ 和 ＿＿＿＿＿＿ 确保数据的完整性。

5. 数据库查询要通过 ＿＿＿＿＿＿ 的方式逐条查询信息。

三、编程题

根据项目案例"企业通讯录管理系统"编写基于数据库的简易无界面版学生通讯录管理系统。

第 10 章　网络编程

Python 是一种强大的网络编程语言,因为它对各层网络协议进行封装,所以只需要处理好程序上的设计,不需要关心网络通讯的具体细节,使用时直接调用相对应的类即可。Python 语言非常擅长字节流和各种模式的处理,使用 Python 语言方便程序设计时各种网络协议格式的处理。由于 Python 语言的网络处理工具太过丰富,所以本章主要讲解当前常用的网络设计模块。

➢ 熟悉 Python 常用的网络模块。
➢ 掌握 UDP 协议网络编程。
➢ 掌握 TCP 协议网络编程。

10.1　常用网络模块

Python 中有许多的实用网络模块,使用频率较高的主要是"socket 模块"、"urllib 模块"和"urllib2 模块"(注:Python3.X 后没有该模块),下面分别讲解这三种模块的相关知识和使用方式。

10.1.1　socket 模块

"socket"模块也叫做嵌套字模块,嵌套字是双向通讯信道的端点,套接字可以在一个进程内,在同一机器上的进程之间,或者在不同主机的进程之间进行通讯。主机可以是任何一台有连接互联网的机器。

嵌套字主要包括两部分:服务器嵌套字和客户端嵌套字。服务器嵌套字创建后,就必须一直开启,等待客户端服务器连接,同时处理多个连接,连接完成后可以进行通讯。客户端嵌套字创建后只需要连接服务器,发送数据,然后断开连接。下面详细讲解服务器和客户端的使用方式。

第一步:搭建网络服务器。具体实现如 CORE1001 所示。

CORE1001 搭建网络服务器

```
import socket
serversocket = socket.socket(socket.AF_INET, socket.SOCK_STREAM)# 创建 socket
嵌套字
host = socket.gethostname()                              # 获取主机名
port = 9000
serversocket.bind((host, port))                          # 将用户名、端口绑定到嵌套字
serversocket.listen(5)                                   # 启动 TCP 侦查器
while True:
    clientsocket,addr = serversocket.accept()
        # 接收 TCP 客户端连接,等待直到连接到达 ( 阻塞 )
    print("Got a connection from %s" % str(addr))        # 输出连接的客户端地址
    msg=input(" 请输入:")
    clientsocket.send(msg.encode('ascii'))               # 发送 TCP 消息
    clientsocket.close()
```

第二步:搭建网络客户端。具体实现如 CORE1002 所示。

CORE1002 搭建网络客户端

```
import socket
s = socket.socket(socket.AF_INET, socket.SOCK_STREAM)  # 创建 socket 嵌套字
host = socket.gethostname()        # 获取主机名
port = 9000
s.connect((host, port))            # 启动 TCP 服务器连接
msg = s.recv(1024)                 # 接收 TCP 消息
s.close()                          # 关闭客户端
print (msg.decode('ascii'))        # 打印通讯消息
```

代码解析:服务器嵌套字使用"bind( )"方法后,调用"listen( )"去监听某个特定的地址。客户端嵌套字使用"connect( )"方法连接到服务器。

10.1.2 urllib 和 urllib2 模块

"urllib"模块和"urllib2"模块的功能类似,通过这两个模块可以实现在网络上访问文件,几乎可以把"URL"所指向的数据信息用作程序的输入。仅需简单下载,"urllib"模块就可以实现,但是实现较为复杂的 HTTP 验证或要为协议编写拓展程序就需要使用功能更强大的"urllib2"模块。

下面讲解"urllib"模块使用。具体实现如 CORE1003 所示。

> CORE1003 urllib 模块使用
>
> ```
> >>> from urllib import request
> >>> request.urlopen(r'http://python.org/')
> <http.client.HTTPResponse object at 0x0000000003588A90>
> ```

代码解析："urllib"模块打开远程文件就像打开本地文件一样简单,导入"urllib"模块后使用"urlopen( )"方法就可以非常轻松地访问网页信息。需要注意,Python3.X 以后就没有"urllib2"模块,使用"from urllib import request"语句代替"urllib2"模块。

知识拓展

如果将"urllib"模块和正则表达式结合起来,就可以下载 Web 网页信息,提取出所需数据。

10.2　UDP 协议编程

接下来详细讲解"socket"模块在 UDP 协议下的使用。UDP 协议(用户数据报协议)适用于对效率要求相对较高而对准确性要求相对较低的场合。

例 10-1　编写 UDP 通讯程序

功能说明:客户端发送一个字符串"Hello Python!"。服务器在计算机的 9000 端口进行接收,并显示接收内容,如果收到字符串"ok"(忽略大小写)则结束监听。

第一步:搭建网络服务器。具体实现如 CORE1004 所示。

> CORE1004 搭建网络服务器
>
> ```
> import socket
> # 使用 IPV4 协议,使用 UDP 协议传输数据
> s=socket.socket(socket.AF_INET, socket.SOCK_DGRAM)
> # 绑定端口和端口号,空字符串表示本机任何可用 IP 地址
> s.bind(('', 9000))
> while True:
>     data, addr = s.recvfrom(1024)
>     # 显示接收到的内容
>     data = data.decode()
>     print('received message:{0} from PORT {1[1]} on {1[0]}'.format(data,addr))
> # 当接收到字符串"ok"时,结束 socket 通讯
>     if data.lower() == 'ok':
>         break
> s.close( )
> ```

第二步：搭建网络客户端。具体实现如 CORE1005 所示。

CORE1005 搭建网络客户端

```python
import socket
import sys
s=socket.socket(socket.AF_INET, socket.SOCK_DGRAM)
# 假设服务器 IP 为：192.168.0.110，端口：9000
s.sendto(sys.argv[1].encode() , ("192.168.0.110" ,9000))
s.close()
```

代码解析：服务器程序运行后服务器程序处于阻塞状态，运行客户端程序，此时会看到服务器程序继续运行并显示接收到的内容以及客户端程序所在计算机 IP 地址和占用的端口号。当客户端发送字符串"ok"后，服务器程序结束，再次运行客户端程序时服务器没有任何反应，但客户端程序并不报错。这正是 UDP 协议的特点，即"尽最大努力传输"，并不保证非常好的服务质量。

10.3　TCP 协议编程

"socket"模块的 TCP 协议（传输控制协议）适用于对效率要求相对较低而准确性要求很高的场合，例如文件传输、电子邮件等。"socket"模块的 TCP 协议使用主要包括：建立连接、数据传输、断开连接这三个步骤。通过编写 TCP 通讯程序，实现简易客服机器人。

第一步：搭建网络服务器。具体实现如 CORE1006 所示。

CORE1006 搭建网络服务器

```python
import socket
from os.path import commonprefix
words = {'how are you?':'I\'m Fine,thank you.',
        'how old are you?':'23',
        'what is your name?':'jie',
        "what's your name?":'jie',
        'where do you work?':'Engineer',
        'bye':'Bye'}
s = socket.socket(socket.AF_INET, socket.SOCK_STREAM)
# 绑定 socket
s.bind(('', 9000))
# 开始监听一个客户端连接
s.listen(1)
```

```
conn, addr = s.accept()
print('Connected by', addr)
# 开始聊天
while True:
    data = conn.recv(1024).decode()
    if not data:
        break
    print('Received message:', data)
    # 尽量猜测对方要表达的真正意思
    m = 0
    key = ''
    for k in words.keys():
        # 删除多余的空白字符
        data = ' '.join(data.split())
        # 与某个"键"非常接近，就直接返回
        if len(commonprefix([k, data])) > len(k)*0.7:
            key = k
            break
        # 使用选择法，选择一个重合度较高的"键"
        length = len(set(data.split())&set(k.split()))
        if length > m:
            m = length
            key = k
    # 选择合适的信息进行回复
    conn.sendall(words.get(key, 'Sorry.').encode())
conn.close()
s.close()
```

第二步：搭建网络客户端。具体实现如 CORE1007 所示。

CORE1007 搭建网络客户端

```
import socket
import sys
# 服务端主机 IP 地址和端口号
HOST = '127.0.0.1'
PORT = 9000
s = socket.socket(socket.AF_INET, socket.SOCK_STREAM)
try:
```

```
        # 连接服务器
        s.connect((HOST, PORT))
except Exception as e:
        print('Server not found or not open')
        sys.exit()
while True:
        c = input('Input the content you want to send:')
        # 发送数据
        s.sendall(c.encode())
        # 从服务端接收数据
        data = s.recv(1024)
        data = data.decode()
        print('Received:', data)
        if c.lower() == 'bye':
                break
    # 关闭连接
    s.close()
```

　　代码解析：服务端程序启动后服务端开始监听，当客户端程序启动后，服务端提示连接已建立，并输出连接的客户端的 IP 及端口。在客户端输入要发送的信息后，服务端会根据提前建立的字典来自动回复。服务端每次都在固定的端口进行监听，而客户端每次建立连接时可能会使用不同的端口。如果服务端程序没有运行，那么客户端就无法建立连接，当然也无法发送任何信息，这正是 TCP 协议区别于 UDP 协议的地方。

10.4　项目案例：网络嗅探器

　　网络嗅探器在网络安全方面起着非常重要的作用，通过使用网络嗅探器可以把流过网卡的数据进行智能分析过滤，快速找到所需的网络信息（视频、音乐、图片等）。下面详细学习如何使用 Python 语言编写简易的网络嗅探器。

　　本案例主要知识点如下：
➢ 嵌套字和 socket 模块。
➢ TCP、UDP 协议。
➢ 全局变量使用。
➢ 多线程。

　　具体代码实现如 CORE1008 所示。

CORE1008 网络嗅探器

```python
import socket
import threading
import time
buf = dict()
flag = 1
def fun():
    # 全局变量
    global buf
    global flags
    HOST = socket.gethostbyname(socket.gethostname())
    s = socket.socket(socket.AF_INET, socket.SOCK_RAW)
    s.bind((HOST, 0))
    # 接收所有包
    s.ioctl(socket.SIO_RCVALL, socket.RCVALL_ON)
    while flag:
        # 接收一个数据包
        data, addr = s.recvfrom(65565)
        host = addr[0]
        buf[host] = buf.get(host, 0) + 1
        # 过滤指定 IP 地址的消息 假设此时过滤本机 IP
        if addr[0] != '192.168.1.114':
            print(data, addr)
    # 关闭混杂模式
    s.ioctl(socket.SIO_RCVALL, socket.RCVALL_OFF)
    s.close()
# 创建线程
t = threading.Thread(target=fun)
# 开始线程
t.start()
# 延时休眠 60S
time.sleep(60)
# 标志位清零
flag = 0
# 等待线程运行完成,主线程方可运行
t.join()
for i in buf.items():
    print(i)
```

代码解析如下：

程序启动时会创建线程对象"t"、全局变量 buf 和 flag，并运行线程处理函数"fun( )"时间 60s。"fun( )"的主要功能是：分析网卡中所有的数据包，将 IP 信息及对应的传输数据包数量存入 buf 字典中，并将本机 IP（默认为：192.168.1.114）的数据包过滤出来，其余的都打印显示在 IDLE 中。当 60s 后本线程关闭，主线程启动，遍历输出流经网卡的除本机外所有 IP 及传输数据包数量。

具体效果如图 10-1 所示。

图 10-1　网络嗅探器

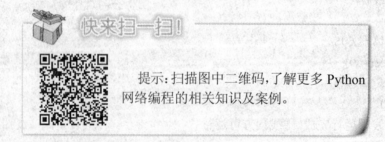

快来扫一扫！

提示：扫描图中二维码，了解更多 Python 网络编程的相关知识及案例。

10.5　小结

本章主要学习知识点如下：

➤ "socket" 模块。主要包括两部分：服务器嵌套字和客户端嵌套字。服务器嵌套字创建后，就必须一直开启，等待客户端服务器连接，同时处理多个连接，连接完成后可以进行通讯。客户端嵌套字创建后只需要连接服务器，发送数据，然后断开连接。

➤ "urllib" 模块和 "urllib2" 模块。通过这两个模块实现在网络上访问文件，Python3.X 以后就没有 "urllib2" 模块。

➤ UDP 协议通讯。UDP 协议（用户数据报协议）适用于对效率要求相对较高而对准确性要求相对较低的场合。

➤ TCP 协议通讯。TCP 协议（传输控制协议）适用于对效率要求相对较低而准确性要求很高的场合。

10.6　练习十

一、选择题

1. Python 标准库（　　　）对 socket 进行了二次封装，支持 socket 接口的访问，大幅度简化了网络程序的开发。

（A）urllib　　　　　（B）urllib2　　　（C）socket　　　　（D）re

2.（　　　）是可以提供良好服务质量的传输层协议。

（A）TCP　　　　　（B）UDP　　　　（C）socket　　　　（D）urllib

3. 使用 TCP 协议进行通讯时，必须首先（　　　）。

（A）确定对象　　　（B）建立连接　　（C）数据传输　　（D）同步时钟

4. 嵌套字主要包括（　　　）。

（A）网关嵌套字　　　　　　　　　（B）服务器嵌套字和客户端嵌套字

（C）网关嵌套字和本地嵌套字　　　（D）服务器嵌套字和本地嵌套字

5. socket 使用（　　　）方法将用户相关信息绑定到嵌套字。

（A）listen()　　　（B）connect()　　（C）bind()　　　（D）recvfrom()

二、填空题

1. socket 使用 ＿＿＿＿＿＿＿＿ 方法启动 TCP 侦查器。

2. 创建 IP 为：192.168.0.2，port：8000 的 socket 嵌套字 ＿＿＿＿＿＿＿＿。

3. UDP 协议适用于 ＿＿＿＿＿＿＿＿ 的场合。

4. 效率要求相对较低而准确性要求很高的场合通常采用 ＿＿＿＿＿＿＿＿＿ 协议。

5. 客户端启动 TCP 服务器连接使用 ＿＿＿＿＿＿＿＿＿ 方法。

三、编程题

1. 在计算机上搭建端口为 6000 的服务器接收客户端内容，收到字符串"end"（忽略大小写）则结束监听，搭建客户端发送数据。

第 11 章　Web 应用

本章主要讲解 Python 如何进行 Web 程序开发设计。在第 10 章中，使用"urllib"模块和"urllib2"模块获取网页源代码，就是 Web 的基础应用。本章将更深入讲解基于 WSGI 接口和 Flask 框架的 Web 开发。

➤ 了解 Web 相关基础理论知识。
➤ 熟悉 WSGI 接口的使用。
➤ 掌握 Flask 框架的使用。
➤ 掌握 MVC 模式的使用。

11.1　Web 基础

11.1.1　HTML 简介

Web 应用开发中，服务器将网页数据信息（HTML 代码）传送给浏览器，浏览器进行显示，浏览器和服务器之间传输协议是 HTTP。

HTML 就是网页，网页中不但包含文字、图片、视频，还有复杂的排版、动画效果等。所以 HTML 定义一套语法规则，告诉浏览器如何把丰富多彩的页面显示出来。

使用文本编辑器编写简单的 HTML 代码，保存为 hello.html 文件。具体实现如 CORE1101 所示。

CORE1101 HTML 编写网页
`<html>`
`<head>`
`<title>Hello</title>`
`</head>`
`<body>`

```
        <h1>Hello, Python!</h1>
    </body>
    </html>
```

代码解析：HTML 文件是由许多 Tag 组成，最外层的 Tag 是 <html>，规范的 HTML 包括
<head>…</head> 和 <body>…</body>。<title>Hello</title> 设置网页标题为"Hello"，
<h1>Hello, Python!</h1> 设置网页内容为："Hello, Python!"。双击"hello.html"文件。具体效
果如图 11-1 所示。

图 11-1 HTML 编写网页显示"Hello,Python!"

知识拓展

➢ HTTP 是在网络上传输 HTML 的协议，用于浏览器和服务器的通讯。
➢ HTML 是一种用来编写网页的文本。

11.1.2 CSS 简介

CSS 是 Cascading Style Sheets（层叠样式表）的简称，CSS 控制 HTML 里的所有元素如何
展现。将代码 CORE1101 修改，具体实现如 CORE1102 所示。

CORE1102 CSS 渲染网页

```
<html>
<head>
  <title>Hello</title>
  <style>
    h1 {
```

```
        color: #333333;
        font-size: 40px;
        text-shadow: 3px 3px 3px #666666;
      }
    </style>
  </head>
  <body>
    <h1>Hello,Python!</h1>
  </body>
</html>
```

代码解析：使用 CSS 设置标题元素 <h1> 样式，字体为 40 号大小，颜色灰色，带阴影效果。具体效果如图 11-2 所示。

图 11-2　CSS 修饰网页

11-1-3　JavaScript 简介

JavaScript 的作用是让 HTML 具有交互性，而作为脚本语言添加的 JavaScript，既可以内嵌到 HTML 中，也可以从外部链接到 HTML 中。具体实现如 CORE1103 所示。

```
CORE1103 JavaScript 网页交互

<html>
<head>
  <title>Hello</title>
  <style>
```

```
        h1 {
            color: #333333;
            font-size: 40px;
            text-shadow: 3px 3px 3px #666666;
        }
    </style>
    <script>
        function change() {
            document.getElementsByTagName('h1')[0].style.color = '#ff0000';
        }
    </script>
</head>
<body>
    <h1 onclick="change()">Hello, Python!</h1>
</body>
</html>
```

代码解析：当点击 Web 标题时，标题触发事件由灰色变为红色。具体效果如图 11-3 所示。

图 11-3　JavaScript 添加网页事件

学习 Web 开发，对 HTML、CSS 和 JavaScript 必须要有一定的了解。HTML 编写了页面的内容，CSS 来控制页面元素的样式，而 JavaScript 负责页面的交互逻辑。

11.2 WSGI 接口

Web 应用开发可以分为以下四步：

➢ 浏览器发送一个 HTTP 请求。

➢ 服务器收到请求后，生成 HTML 文档。

➢ 服务器把 HTML 文档作为 HTTP 响应的 Body 发送给浏览器。

➢ 浏览器收到 HTTP 响应，从 HTTP Body（Body 元素是定义文档的主体，例如文本、超链接、图像、表格和列表等）中提取 HTML 文档并显示出来。

为了方便操作，事先将 HTML 文件保存，然后用搭建的 HTTP 服务器接收请求，从文件中读取 HTML 发送给浏览器，这些都属于静态服务器。如果想动态生成 HTML，上述步骤都需要手动操作完成。例如，接收、解析 HTTP 请求、发送 HTTP 数据等，这些操作相当繁琐。所以 Python Web 开发的方便之处在于不需要进行底层的配置，使用统一的 WSGI 接口就可以进行 Web 开发。

这个接口就是 WSGI：Web Server Gateway Interface。WSGI 接口使用"start_response()"函数便可以响应 HTTP 请求。具体实现如 CORE1104 所示。

CORE1104 WSGI 接口函数

```python
def application(environ, start_response):
    start_response('200 OK', [('Content-Type', 'text/html')])
    return [b'<h1>Hello, Python!</h1>']
```

代码解析：自定义"application()"函数，参数"environ"代表包含所有 HTTP 请求信息的 dict 对象，"start_response()"代表发送 HTTP 响应的函数。调用"start_response()"函数发送 HTTP 响应的 Header，通常"Content-Type"头会发送给浏览器，最后函数的返回值"[b'<h1>Hello, web!</h1>']"将作为 HTTP 响应的 Body 发送给浏览器。需要注意，Header 只能发送一次，也就是只能调用一次"start_response()"函数。

WSGI 接口功能代码编写完成，下面编写 WSGI 服务器进行调用。具体实现如 CORE1105 所示．

CORE1105 WSGI 服务器

```python
from wsgiref.simple_server import make_server
# 创建一个服务器，IP 地址为空，端口是 9000，处理函数是 application
httpd = make_server('', 9000, application)
print('Serving HTTP on port 9000...')
# 开始监听 HTTP 请求
httpd.serve_forever()
```

　　代码解析：导入"wsgiref"模块，它是 Python 内置的 WSGI 服务器模块，调用"make_server()"方法创建 IP 地址为空，端口是 9000 的服务器，调用"serve_forever()"方法监听 HTTP 请求。需要注意，如果 9000 端口已被其他程序占用，启动将失败，请修改成其他端口。运行程序后打开浏览器输入 127.0.0.1:9000 可以查看效果。具体效果如图 11-4 所示。

图 11-4　WSGI 编写网页

　　此时 Python IDLE 上显示服务器 HTTP 请求成功。具体效果如图 11-5 所示。

```
*Python 3.6.4 Shell*
File  Edit  Shell  Debug  Options  Window  Help
Python 3.6.4 (v3.6.4:d48eceb, Dec 19 2017, 06:54:40) [MSC v.1900 64 bit (AMD64)]
 on win32
Type "copyright", "credits" or "license()" for more information.
>>>
============== RESTART: C:\Users\Administrator\Desktop\Demo.py ==============
Serving HTTP on port 9000...
127.0.0.1 - - [28/Feb/2018 17:06:51] "GET /favicon.ico HTTP/1.1" 200 23
127.0.0.1 - - [28/Feb/2018 17:06:52] "GET / HTTP/1.1" 200 23
127.0.0.1 - - [28/Feb/2018 17:06:53] "GET /favicon.ico HTTP/1.1" 200 23
                                                              Ln: 5  Col: 0
```

图 11-5　IDLE 显示 HTTP 请求

11.3　Flask 框架

　　因为 WSGI 是针对每个 HTTP 请求进行响应，处理较为复杂的 Web 应用程序，仅用 WSGI 函数处理满足不了需求，所以需要在 WSGI 上再抽象出 Web 框架，进一步简化 Web 开发。

　　本节主要讲解当今比较流行的 Web 框架：Flask 框架。具体实现如 CORE1106 所示。

CORE1106 Flask 框架编写网页

```
from flask import Flask
from flask import request
app = Flask(__name__)
@app.route('/', methods=['GET', 'POST'])
def home(): # 首页
    return '<h1> 测试主页 </h1>'
@app.route('/signin', methods=['GET'])
def signin_form():              # 登录页
    return '''<form action="/signin" method="post">
            <p><input name="username"></p>
            <p><input name="password" type="password"></p>
            <p><button type="submit">Sign In</button></p>
            </form>'''
@app.route('/signin', methods=['POST'])
def signin():               # 处理登录表单
    # 需要从 request 对象读取表单内容:
    if request.form['username']=='admin' and request.form['password']=='admin':
        return '<h3> 输入正确！ </h3>'
    return '<h3> 输入错误！ </h3>'
if __name__ == '__main__':
    app.run()
```

代码解析：导入"flask"模块，创建"home()"首页函数、"signin_form()"登录页函数和"signin()"处理登录表单函数，并且"Flask 框架"通过 Python 的装饰器在内部自动地把 URL 和函数关联起来，最后运行"Flask 框架"自带的服务器。需要注意，Flask 框架自带的服务器默认端口是 5000。

运行程序，打开浏览器，输入 127.0.0.1:5000，查看首页。具体效果如图 11-6 所示。

图 11-6   主界面

输入 127.0.0.1:5000/signin，查看登录页。具体效果如图 11-7 所示。

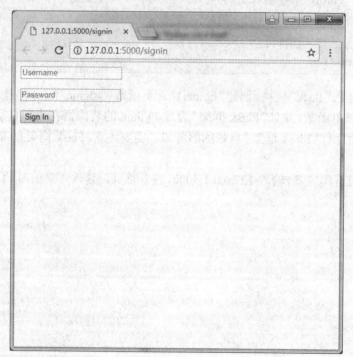

图 11-7   登录界面

输入预设的用户名：admin，密码：admin，跳转到登录成功界面。具体效果如图 11-8 所示。

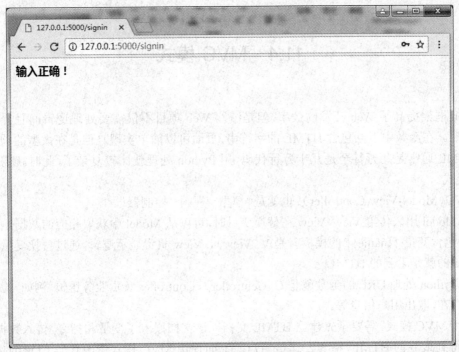

图 11-8　登录成功界面

如果输入的用户名或密码错误,跳转到登录失败界面。具体效果如图 11-9 所示。

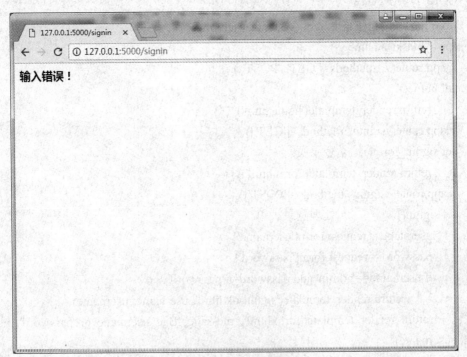

图 11-9　登录失败界面

11.4　MVC 模式

Web 框架提高了 Web 开发的效率，但是编写 Web 项目不仅需要处理逻辑而且界面展示也很重要。在函数中返回包含 HTML 的字符串，页面可以简单实现。但是在大型的项目开发中，HTML 通常是几万甚至是几十万行代码，用 Python 处理就比较复杂了，此时就需要使用 MVC 模式。

MVC（Model-View-Controller）：也就是"模型 - 视图 - 控制器"。

➢ Model 用来传给 View，View 在替换变量时，可以从 Model 中获取相应的数据。

➢ 包含变量 {{name}} 的模板就是 V（View），View 负责显示逻辑，通过替换变量，View 最终输出的就是看到的 HTML。

➢ Python 处理 URL 的函数就是 C（Controller），Controller 负责业务逻辑，例如，检查用户名是否存在，取出用户信息等。

使用 MVC 模式，需要预先建立 HTML 文档。该文档嵌入了变量和指令，传入数据后，进行替换得到最终的 HTML，将其发送给用户。下面使用 MVC 模式修改代码 CORE1106。具体实现如 CORE1107 所示。

```
CORE1107 MVC 模式编写网页

from flask import Flask, request, render_template
app = Flask(__name__)
@app.route('/', methods=['GET', 'POST'])
def home():              # 首页
    return render_template('home.html')
@app.route('/signin', methods=['GET'])
def signin_form():    # 登录页
    return render_template('form.html')
@app.route('/signin', methods=['POST'])
def signin():              # 处理登录表单
    username = request.form['username']
    password = request.form['password']
    if username=='admin' and password=='password':
        return render_template('signin-ok.html', username=username)
    return render_template('form.html', message='Bad username or password', user-
name=username)
    if __name__ == '__main__':
        app.run()
```

代码解析：使用"Flask"调用"render_template()"函数实现模板的渲染，调用对应的"首页模板"、"登录页模板"和"处理登录表单模板"。下面分别用三个 HTML 文件编写模板代码。

"首页模板"代码，具体实现如 CORE1108 所示。

CORE1108 首页代码

```html
<html>
<head>
    <title>Home</title>
</head>
<body>
    <h1 style="font-style:italic">Home</h1>
</body>
</html>
```

"登录页模板"代码，具体实现如 CORE1109 所示。

CORE1109 登录页代码

```html
<html>
<head>
    <title>Please Sign In</title>
</head>
<body>
    {% if message %}
    <p style="color:red">{{ message }}</p>
    {% endif %}
    <form action="/signin" method="post">
      <legend>Please sign in:</legend>
      <p><input name="username" placeholder="Username" value="{{ username }}"></p>
      <p><input name="password" placeholder="Password" type="password"></p>
      <p><button type="submit">Sign In</button></p>
    </form>
</body>
</html>
```

"处理登录表单模板"代码，具体实现如 CORE1110 所示。

CORE1110 处理登录表单代码

```
<html>
<head>
    <title>Welcome, {{ username }}</title>
</head>
<body>
    <p>Welcome, {{ username }}!</p>
</body>
</html>
```

模板代码编写完成后,将"首页模板"命名为"home.html","登录页模板"命名为"form. html","处理登录表单模板"命名为"signin-ok.html",并新建"templates"文件夹将三个 HTML 文件存放其中,然后运行 Python 程序。

打开浏览器,首先输入 127.0.0.1:5000,查看首页。具体效果如图 11-10 所示。

图 11-10　主界面

输入 127.0.0.1:5000/signin,查看登录页。具体效果如图 11-11 所示。

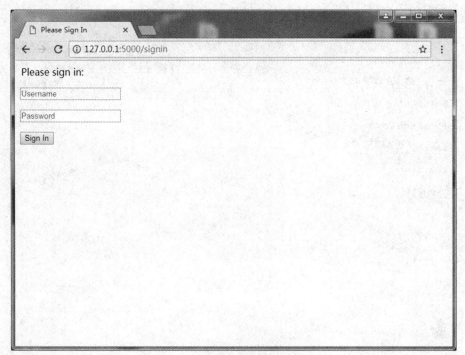

图 11-11　登录界面

输入预设的用户名：admin，密码：admin，查看登录成功界面。具体效果如图 11-12 所示。

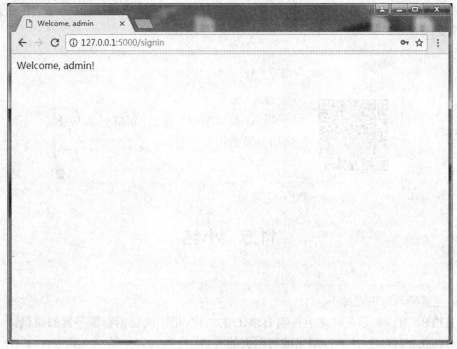

图 11-12　登录成功界面

如果输入的用户名或密码错误，弹出警告消息"Bad username or password"，并清空密码框,等待重新输入。具体效果如图 11-13 所示。

图 11-13 登录失败界面

MVC 分离 Python 代码和 HTML 代码,将 HTML 代码全部放到模板里,在实际的开发过程中效率更高。

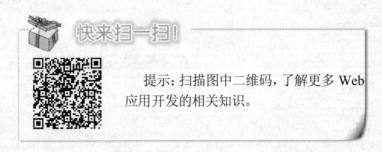

提示:扫描图中二维码,了解更多 Web 应用开发的相关知识。

11.5   小结

本章主要学习知识点如下:

➤ HTTP。HTTP 是在网络上传输 HTML 的协议,用于浏览器和服务器的通讯。

➤ HTML。HTML 是一种用来编写网页的文本。

➤ CSS。CSS 是 Cascading Style Sheets(层叠样式表)的简称,CSS 控制 HTML 里的所有元素如何展现。

➢ JavaScript。JavaScript 负责页面的交互逻辑。

➢ WSGI 接口：WSGI 接口使用"start_response()"函数便可以响应 HTTP 请求。

➢ Flask 框架。处理较为复杂的 Web 应用程序。

➢ MVC 模式。使用 MVC 模式,需要预先建立 HTML 文档,该文档嵌入了变量和指令,在传入数据后,进行替换得到最终的 HTML,将其发送给用户。

11.6　练习十一

一、选择题

1. 浏览器和服务器之间传输协议是(　　　)。

（A）CSS 　　　　　（B）HTML 　　　（C）HTTP 　　　　（D）socket

2. 设置网页的颜色布局通常使用(　　　)。

（A）HTML 　　　　（B）HTTP 　　　（C）JavaScript 　（D）CSS

3. JavaScript 的作用是让 HTML 具有(　　　)。

（A）协调性 　　　　（B）交互性 　　　（C）触发性 　　　（D）布局美观

4. WSGI 接口使用(　　　)方法。

（A）socket() 　　　　　　　　　　（B）start_response()

（C）make_server() 　　　　　　　（D）serve_forever()

5. Flask 框架服务器默认端口是(　　　)。

（A）80 　　　　　　（B）8000 　　　（C）5000 　　　　（D）8080

二、填空题

1. 回路 IP 为 _____。

2. 使用 WSGI 接口,Header 可以发送 _____ 次。

3. WSGI 服务器使用 _____ 方法监听 HTTP 请求。

4. Flask 框架通过 Python 的装饰器在内部自动地把 _____ 和 _____ 关联起来。

5. 使用 MVC 模式需要建立嵌入变量和指令的 _____ 文档。

三、编程题

编写用户注册、登录界面。用户首先进行注册,然后登录认证,注册信息存入数据库中。

第 12 章 多线程和多进程

本章讲解 Python 的多线程和多进程操作。之前章节的程序只能从上到下，逐行执行代码，多线程让程序拥有分身效果，能同时处理多件事情。但是多线程是有劣势的，"GIL"（全局解释器锁）让它没能更有效率地处理一些分摊的任务，而现在的电脑大部分配备了多核处理器，多进程可以让电脑更有效率地分配任务给每一个处理器，这种做法有效解决多线程的弊端。下面就详细讲解 Python 的多线程和多进程操作。

➢ 了解多线程和多进程的含义和区别。
➢ 掌握多进程的相关操作。
➢ 掌握多线程的相关操作。

12.1 多线程

多线程是加速程序运算的有效方法，在 Python 中多线程操作使用"threading"模块。下面详细讲解多线程的相关操作。

12.1.1 创建线程

创建线程。具体实现如 CORE1201 所示。

```
CORE1201 创建线程
import threading
def thread_job():
    print(' 当前线程个数：%s'%threading.active_count())
    print(' 当前线程信息：%s'%threading.current_thread())
    print(' 所有线程信息：%s'%threading.enumerate())
def init():
    thread = threading.Thread(target=thread_job)      # 定义线程
```

```
        thread.start()                                    # 启动线程
    if __name__ == '__main__':
        init()
```

代码解析:导入"threading"模块,调用"Thread()"方法定义线程,线程处理函数是"thread_job",在线程处理函数中调用"active_count()"方法、"current_thread()"方法和"threading.enumerate()"方法,分别输出当前线程个数、当前线程信息和所有线程信息。具体效果如图 12-1 所示。

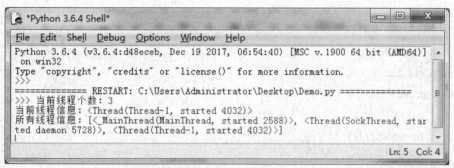

图 12-1　查看线程信息

12.1.2　线程等待

多线程操作时可能会遇到线程抢占的情况。具体实现如下:

```
import threading
import time
def thread_job():
    print("T1 start\n")
    time.sleep(0.1) # 延时 0.1s
    print("T1 finish\n")
added_thread = threading.Thread(target=thread_job, name='T1')
added_thread.start()
print("all done\n")
```

运行本程序后,预想输出的结果如下:

```
T1 start
T1 finish
all done
```

实际输出结果如下：

```
T1 start
all done
T1 finish
```

程序中的线程任务未执行完便输出"all done"。为了避免线程这种杂乱的执行方式，让程序顺序输出，需要在启动线程后调用"join()"方法使线程等待。具体实现如 CORE1202 所示。

```
CORE1202 线程等待
import threading
import time
def thread1_job():
    print('T1 start\n')
    time.sleep(1)
    print('T1 finish\n')
def thread2_job():
    print('T2 start\n')
    print('T2 finish\n')
def main():
    thread1 = threading.Thread(target=thread1_job, name='T1')
    thread2 = threading.Thread(target=thread2_job, name='T2')
    thread1.start()
    thread2.start()
    thread1.join()    #等待线程 T1 执行完成后，才会继续运行
    print('all done\n')
if __name__ == '__main__':
    main()
```

代码解析：创建名称为"T1"和"T2"的两个线程，因为线程 T1 在处理函数中延时了 1s，所以 T1 的运行时间要比 T2 长。T1 线程调用"join()"方法后，如果 T1 线程处理程序未执行完，程序就不会继续运行，实现对线程的管理。具体效果如图 12-2 所示。

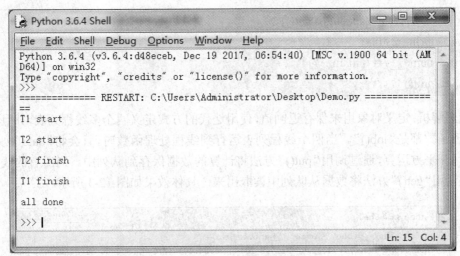

图 12-2　线程等待应用

12.1.3　线程存储

线程处理函数不能有返回值，为了存储线程处理函数中的数据，此时需要用到"Queue()"方法。具体实现如 CORE1203 所示。

CORE1203 线程存储

```
import threading
import time
from queue import Queue
def job(l,q):
    for i in range (len(l)):
        l[i] = l[i]**2
    q.put(l)                    # 数据存储
def init():
    q =Queue()
    threads = []
    data = [[1,2,3],[4,5,6],[7,7,7],[8,8,8]]
    for i in range(4):      # 创建 4 个线程
        t = threading.Thread(target=job,args=(data[i],q))
        t.start()
        threads.append(t)
    for thread in threads:
        thread.join()
    results = []
    for _ in range(4):
```

```
            results.append(q.get())                    # 获取数据
        print(results)
if __name__ =='__main__':
        init()
```

　　代码解析:定义对象用来保存返回值,使用迭代的方式定义四个多线程列表,并且每个线程的处理函数都是"job()"。当四个线程列表运行到线程处理函数时,就会将"data"列表的每一位进行开平方运算,通过调用"put()"方法将计算的数据保存到队列中。当所有的线程运行结束后,调用"get()"方法将数据从队列中读取出来。具体效果如图 12-3 所示。

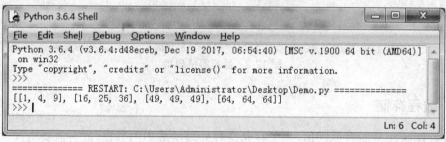

图 12-3　线程存储应用

12.1.4　线程同步

　　使用"join()"方法虽然在一定程度上加强了线程管理,但是线程运行效果依旧很混乱。

```
import threading
def job1():
        global A
        for i in range(10):     # 全局变量 A 循环 10 次,每次循环加 1
            A+=1
            print('job1',A)
def job2():
        global A
        for i in range(10):     # 全局变量 A 循环 10 次,每次循环加 10
            A+=10
            print('job2',A)
if __name__ == '__main__':
        lock=threading.Lock()
        A=0
        t1=threading.Thread(target=job1)
        t2=threading.Thread(target=job2)
        t1.start()
```

```
    t2.start()
    t1.join()
    t2.join()
```

具体效果如图 12-4 所示。

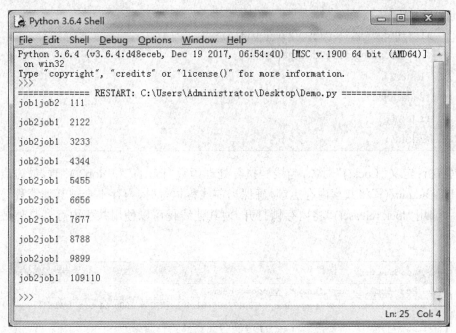

图 12-4 未使用线程同步时程序运行结果

查看运行结果，数据结果非常混乱。此时，为了使不同线程在使用同一共享内存时线程之间互不影响，需要使用"Lock()"方法。具体实现如 CORE1204 所示。

CORE1204 线程同步

```
import threading
def job1():
    global A, lock
    lock.acquire()              # 内存上锁
    for i in range(10):
        A += 1
        print('job1', A)
    lock.release()              # 内存锁打开
def job2():
    global A, lock
    lock.acquire()
    for i in range(10):
```

```
                A += 10
                print('job2', A)
            lock.release()
    if __name__ == '__main__':
            lock = threading.Lock()          # 定义 Lock() 对象
            A = 0
            t1 = threading.Thread(target=job1)
            t2 = threading.Thread(target=job2)
            t1.start()
            t2.start()
            t1.join()
            t2.join()
```

代码解析：定义"Lock()"对象，当线程执行处理函数"job1()"和"job2()"时，最先启动的线程调用"lock.acquire()"将共享内存上锁，确保当前线程执行时，内存不会被其他线程访问。执行结束后，调用"lock.release()"将内存锁打开，使其他线程可以使用共享内存。具体效果如图12-5 所示。

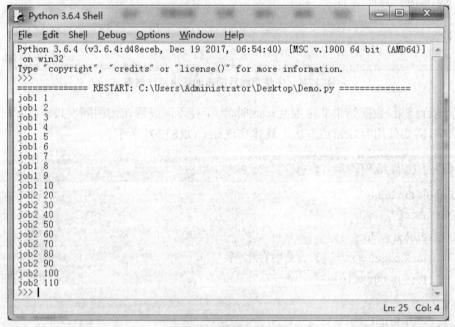

图 12-5　线程同步应用

12.2　多进程

　　虽然 Python 完全支持多线程,但是解释器对 C 语言实现的部分,在完全并行执行时并不是线程安全的,解释器被 GIL(全局解释器锁)保护着,它使得 Python 一次只能处理一个线程,GIL 使 Python 多线程处理不能有效利用多核 CPU 的优势。针对这种情况,此时需要使用多进程。

12.2.1　创建进程

　　创建进程需要导入"multiprocessing"模块。具体实现如 CORE1205 所示。

```
CORE1205 创建进程

import multiprocessing as mp
def job():
    print('job')
if __name__=='__main__':
    p1 = mp.Process(target=job)
    p1.start()
    p1.join()
```

　　代码解析:可以发现创建进程和创建线程的方式基本一致,导入"multiprocessing"模块,调用"Process()"方法创建进程对象,自定义进程处理函数为"job()"。需要注意,运行环境要在"terminal"环境下,其他的编辑工具运行后可能没有输出结果(本书针对 Windows 操作系统)。

12.2.2　进程存储

　　因为进程处理函数不能有返回值,所以为了存储进程处理函数中的数据,需要使用"Queue()"方法。具体实现如 CORE1206 所示。

```
CORE1206 进程存储

import multiprocessing as mp
def job(q):
    res=0
    for i in range(1000):
        res+=i+i**2+i**3
    q.put(res)    # 将进程运行结果存放到队列中
if __name__=='__main__':
    q = mp.Queue()
```

```
        p1 = mp.Process(target=job,args=(q,))   # 进程 1
        p2 = mp.Process(target=job,args=(q,))   # 进程 2
        p1.start()
        p2.start()
        p1.join()
        p2.join()
        res1 = q.get()              # 从队列中取出数据
        res2 = q.get()
        print(res1+res2)
```

代码解析：调用"Queue()"方法，创建两个进程，在进程处理函数中调用"put()"方法将运行数据存储到队列中，当进程运行结束后调用"get()"方法从队列中取出数据结果。需要注意，"args"参数只有一个值的时候，参数后面需要加一个逗号，表示"args"参数是可迭代的，后面可能还有别的参数，不加逗号会报错。具体效果如图 12-6 所示。

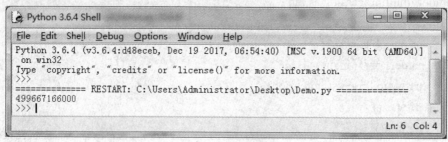

图 12-6　进程存储

12.2.3　进程池

进程池可以理解为就是将所要运行的进程放到池子中，Python 会自行解决多进程的问题，进程池使用"Pool()"方法。具体实现如 CORE1207 所示。

```
CORE1207 进程池
    import multiprocessing as mp
    def job(x):
        return x*x
    def init():
        pool = mp.Pool()
        res = pool.map(job, range(10))
        print(res)
    if __name__ == '__main__':
        init()
```

代码解析：调用"Pool()"方法创建进程池，调用"map()"方法将进程任务自动分配给 CPU，并且让进程池对应进程处理函数"job()"。此时向进程池传递数据 0 到 9 十个数值，执行完成后，进程池就会返回函数的返回值。需要注意，进程池和"Process()"方法不同之处在于，进程池对应的进程处理函数有返回值，而"Process()"方法没有返回值。具体效果如图 12-7 所示。

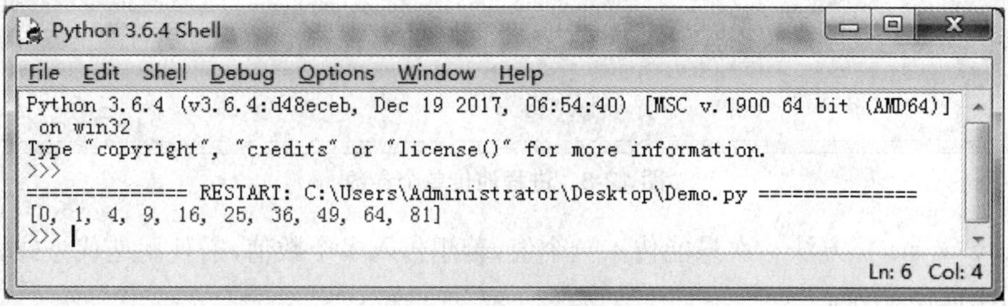

图 12-7　进程池应用

此时进程池默认大小是 CPU 的核数，修改"Pool()"方法中的"processes"参数可修改 CPU 核数。具体实现如 CORE1208 所示。

CORE1208 设置进程池 CPU 核数
def init(): 　　pool = mp.Pool(processes=3)　　# 自定义 CPU 核数量为 3 　　res = pool.map(job, range(10)) 　　print(res)

进程池使用"apply_async()"方法返回数据结果。具体实现如 CORE1209 所示。

CORE1209 进程池传单个参数
def init(): 　　pool = mp.Pool() 　　res = pool.map(job, range(10)) 　　print(res) 　　res = pool.apply_async(job, (2,)) 　　print(res.get())　　# 获得结果

代码解析：创建数据池后调用"apply_async()"方法，传递数值 2 到进程处理函数中进行运算，最后调用"get()"方法获取返回值。需要注意，"apply_async()"方法传入值是可以迭代的，所以传入值后需要添加逗号。具体效果如图 12-8 所示。

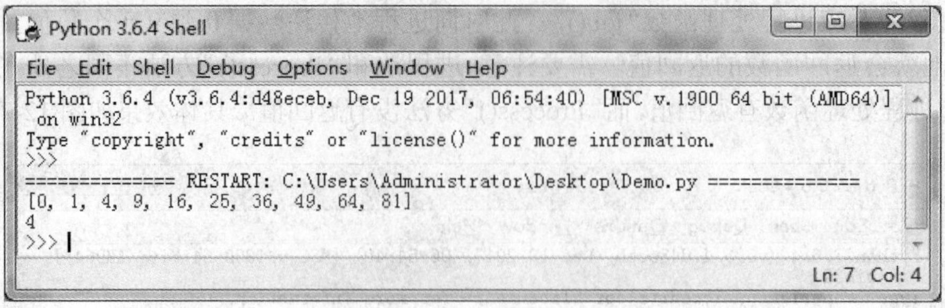

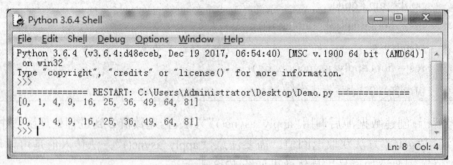

图 12-8   进程池传单个参数

"apply_async()"方法一次只能传入一个值,若想传入多个数值,需使用迭代方式。具体实现如 CORE1210 所示。

CORE1210 进程池传多个参数

def init():
 	
     pool = mp.Pool()
 	
     res = pool.map(job, range(10))
 	
     print(res)
 	
     res = pool.apply_async(job, (2,))
 	
     print(res.get())   # 获得结果
 	
     multi_res = [pool.apply_async(job, (i,)) for i in range(10)]   # 迭代器输入
 	
     print([res.get() for res in multi_res])   # 迭代输出

代码解析:为了传入多个数值,将"apply_async()"方法放入迭代器中,遍历 10 次传入数值"0 到 9"。同理,为了将计算数据输出,也需使用遍历的方式调用"get()"方法将数值输出。具体效果如图 12-9 所示。

图 12-9   进程池传传多个参数

12.2.4   进程同步

进程和线程一样,也存在着不同进程争抢共享内存的问题。具体实现如 CORE1211 所示。

```
CORE1211 进程同步

import multiprocessing as mp
import time
def job(num1, num2):
    for _ in range(5):
        time.sleep(0.1)    # 延时 0.1s
        num1.value += num2    # v.value 获取共享变量值
        print(num1.value, end="")
def init():
    num = mp.Value('i', 0)    # 定义共享变量
    p1 = mp.Process(target=job, args=(num,1))    # 累加值 1
    p2 = mp.Process(target=job, args=(num,3))    # 累加值 3
    p1.start()
    p2.start()
    p1.join()
    p2.join()
if __name__ == '__main__':
    init()
```

代码解析：定义公共变量"num"，创建两个进程并且设定了不同的累加值对公共变量进行操作，在进程处理函数"job()"中让公共变量"num"每隔 0.1s 输出一次累加的数值结果。

为了解决不同进程争抢共享资源的问题，可使用进程锁解决该问题。具体实现如 CORE1212 所示。

```
CORE1212 进程锁

import multiprocessing as mp
import time
def job(num1, num2, l):
    l.acquire()    # 内存锁住
    for _ in range(5):
        time.sleep(0.1)
        num1.value += num2 # 获取共享内存
        print(num1.value)
    l.release()    # 内存释放
def init():
    l = mp.Lock()    # 创建进程锁
    num = mp.Value('i', 0)    # 定义共享内存
    p1 = mp.Process(target=job, args=(num,1,l))    # 将 lock 传入
```

```
        p2 = mp.Process(target=job, args=(num,3,l))
        p1.start()
        p2.start()
        p1.join()
        p2.join()
    if __name__ == '__main__':
        init()
```

代码解析：调用"Lock()"方法定义一个进程锁，将进程锁传入"p1"和"p2"这两个进程中，在进程处理函数调用"acquire()"方法设置进程锁，保证运行时每个进程对共享内存的独占，当进程运行结束后调用"release()"方法打开进程锁，允许其他进程进入。

知识拓展

共享内存可以实现内存交互，让进程之间数据共享，通过调用"Value()"方法来创建共享内存，使用格式如下：

mp.Value(type, value)

➢ "type"：共享内存的数据类型，字符串类型。例如，'d'代表双精度类型、'i'代表有符号整形、'f'代表单精度类型等。

➢ "value"：数值，仅为普通数值和一维矩阵。

12.3　项目案例 多线程实时数据动态更新

多线程和多进程使计算机处理速度提升，程序运行实时度提高，有效加强任务管理，在实际开发中是不可或缺的利器。

本案例主要知识点如下：

➢ 使用"numpy"模块数据分析。

➢ 使用"matplotlib"模块动态绘图可视化。

➢ 事件处理。

➢ 多线程。

具体代码实现如 CORE1213 所示。

CORE1213 多线程实时数据动态更新

```
from time import sleep
from threading import Thread
import numpy as np
import matplotlib.pyplot as plt
from matplotlib.widgets import Button
fig, ax = plt.subplots()
# 设置图形显示位置
```

```
plt.subplots_adjust(bottom=0.2)
# 测试数据
range_start, range_end, range_step = 0, 1, 0.005
t = np.arange(range_start, range_end, range_step)
s = np.cos(4*np.pi*t)
l, = plt.plot(t, s, lw=2)
# 自定义类,用来封装两个按钮的单击事件处理函数
class ButtonHandler:
    def __init__(self):
        self.flag = True
        self.range_s, self.range_e, self.range_step = 0, 1, 0.005
    # 线程函数,用来更新数据并重新绘制图形
    def threadStart(self):
        while self.flag:
            sleep(0.02)
            self.range_s += self.range_step
            self.range_e += self.range_step
            t = np.arange(self.range_s, self.range_e, self.range_step)
            ydata = np.sin(4*np.pi*t)
            # 更新数据
            l.set_xdata(t-t[0])
            l.set_ydata(ydata)
            # 重新绘制图形
            plt.draw()
    def Start(self, event):
        self.flag = True
        # 创建并启动新线程
        t = Thread(target=self.threadStart)
        t.start()
    def Stop(self, event):
        self.flag = False
callback = ButtonHandler()
# 创建按钮并设置单击事件处理函数
axnext = plt.axes([0.7, 0.05, 0.1, 0.075])
btnStart = Button(axnext, 'Start', color='0.7', hovercolor='r')
btnStart.on_clicked(callback.Start)
axprev = plt.axes([0.81, 0.05, 0.1, 0.075])
btnStop = Button(axprev, 'Stop')
```

```
btnStop.on_clicked(callback.Stop)
plt.show()
```

代码解析如下：

本案例使用多线程将测试数据动态更新，使用"matplotlib"模块创建可视化窗口，调用"arange()"方法自定义数据集并将数据集转换为余弦类型，调用"Button()"方法在窗口中建立"Start"按钮和"Stop"按钮并设置事件回调方法，"Start()"方法负责线程启动，"Stop()"方法负责线程关闭，当点击线程启动按钮时调用"threadStart()"方法动态绘图。

程序运行结果，如图 12-10 所示。

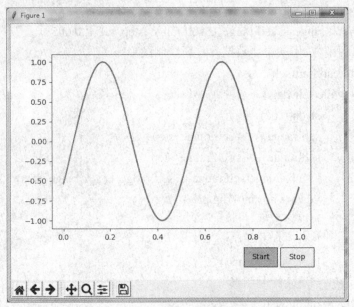

图 12-10   实时数据动态更新效果图

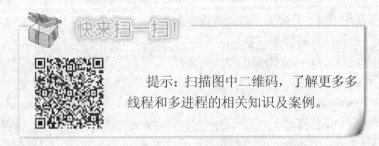

提示：扫描图中二维码，了解更多多线程和多进程的相关知识及案例。

12.4   小结

本章主要学习的知识点如下：

➢ 多线程。Python 多线程处理不能有效利用多核 CPU 的优势，"GIL"（全局解释器锁）

使多线程没能更有效率地处理一些分摊的任务。

➤ 多进程。多进程可以让电脑更有效率地分配任务给每一个处理器，这种做法有效解决多线程的弊端。多进程的行环境要在"terminal"环境下，其他的编辑工具运行后可能没有输出结果。

12.5　练习十二

一、选择题

1. 线程对象的（　　）方法用来阻塞当前线程，指定线程运行结束或超时后继续运行当前线程。

（A）start()　　　（B）join()　　　（C）append()　　　（D）Lock()

2. Python 标准库 threading 中的 Lock、RLock、Condition、Event、Semaphore 对象都可以用来实现线程（　　）。

（A）创建　　　（B）等待　　　（C）存储　　　（D）同步

3. 在多线程编程时，当某子线程的 daemon 属性为（）时，主线程结束时会检测该子线程是否结束。

（A）True　　　（B）False　　　（C）-1　　　（D）1

4. 进程存储使用（）方法。

（A）Queue()　　　（B）Pool()　　　（C）acquire()　　　（D）Process()

5. 进程使用（　　）方法创建创建共享内存。

（A）acquire()　　　（B）Process()　　　（C）Value()　　　（D）Pool()

二、填空题

1. 多线程编程技术主要目的是 ＿＿＿＿＿＿＿＿。

2. ＿＿＿＿＿＿＿＿ 让多线程没能更有效率地处理一些分摊的任务。

3. 创建进程需要导入 ＿＿＿＿＿＿＿＿ 模块。

4. 为了解决不同进程 ＿＿＿＿＿＿＿＿ 的问题，可使用进程锁解决该问题。

5. Pool() 方法创建进程池，调用 ＿＿＿＿＿＿＿＿ 方法将进程任务自动分配给 CPU。

三、编程题

并行判断 100000000 以内的数字是否为素数，并统计素数个数。

第13章 项目实战：桌面应用开发

13.1 项目分析

第 7 章中已经讲解 Tkinter 的基础知识，本章将深入学习 Tkinter 的相关应用，使用 Tkinter 设计一款桌面应用（桌面弹球）。

设计思路：

➢ 明确最终要实现的功能。

➢ 分析功能，设计总体框架。

➢ 完善丰富不同模块的功能，实现效果。

本项目实现的具体效果如图 13-1 所示。

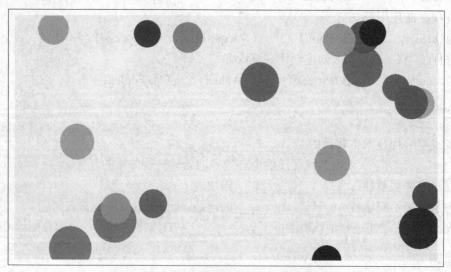

图 13-1　桌面应用界面效果图

本项目运行后在桌面生成若干个彩色弹球，在电脑屏幕上随机弹动，可以作为屏幕保护、电脑壁纸使用。编写本项目时首先需要设计总体的框架，比如屏幕的长宽、界面的布局、弹球的个数、弹动效果等，然后按照模块逐步实现代码，最终实现效果。

13.2　框架设计

第一步：导入所需要的模块，此时用到"Tkinter"模块和"Random"模块。具体实现如 CORE1301 所示。

CORE1301 导入所需的第三方库文件

```
from random import randint
from tkinter import *
from tkinter.ttk import *
```

第二步：设计程序的总体框架，使用面向对象的程序设计思想。创建一个设计框架的类，获取屏幕的分辨率并设置弹球范围、弹球个数、界面布局和弹球启动等功能。具体实现如 CORE1302 所示。

CORE1302 设计总体框架

```
class MoreBalls:
    # 定义一个列表，用来存储所有的球对象
    balls = []
    # num 是球的数量
    def __init__(self, num):
    # 创建一个 Tk() 窗口实例
        self.root = Tk()
        # w 和 h 分别获取了屏幕分辨率的宽度和高度
        scrnw, scrnh = self.root.winfo_screenwidth(), self.root.winfo_screenheight()
        self.root.title(" 桌面应用 ")
        # 去除窗口边框和任务栏显示
        self.root.overrideredirect(1)
        # 设置窗口的透明度，0-1 之间，1 是不透明，0 是全透明。
        self.root.attributes("-alpha", 1)
        # 绑定退出事件鼠标任意点击退出
        self.root.bind("<Any-Button>", self.myquit)
        # Canvas 提供绘图功能 ( 直线、椭圆、多边形等 )，宽度和高度是屏幕分辨率
        self.canvas = Canvas(self.root, width = scrnw, height = scrnh)
        # 让画布按 pack() 布局
        self.canvas.pack()
        # 获取球的数量生成迭代器，每次迭代创建一个球
```

```
        for i in range(num):
        # ball 是 SettingBalls() 类对象，传入 self.canvas 画布，以及屏幕的宽高
            ball = SettingBalls(self.canvas, scrnwidth = scrnw, scrnheight = scrnh)
            # 调用 创建球的方法
            ball.create_ball()
            # 将生成的球对象放到 balls 列表里
            self.balls.append(ball)
        # 调用 run_ball() 方法,启动小球运动
        self.run_ball()
        # 调用 mainloop() 消息循环机制
        self.root.mainloop()
    def run_ball(self):
        for ball in self.balls:
            ball.move_ball()
        # run_ball 每隔 20 毫秒会被调用一次
        self.canvas.after(20, self.run_ball)
    # destroy() 是结束整个程序进程
    def myquit(self, event):
        self.root.destroy()
```

13.3　设置弹球

　　第三步:总体框架设计完成后,需要设计本项目的核心部分,绘制弹球、设置弹动效果。具体实现如 CORE1303 所示。

CORE1303 设计弹球

```
# 创建一个随机球处理类
class SettingBalls:
    def __init__(self, canvas, scrnwidth, scrnheight):
        # Canvas 是一个长方形的面积,图画或其他复杂的布局。可以放置在画
        # 布上的
        # 图形,文字,部件,或是帧
        self.canvas = canvas
        # tkinter 绘图采用屏幕坐标系,原点左上角,x 从左往右递增 , y 从上往下
        # 递增
        # 在绘图区域内,随机产生当前球的圆心的 x 坐标和 y 坐标,用于制定位置
```

```
        self.xpos = randint(10, int(scrnwidth))
        self.ypos = randint(10, int(scrnheight))
        # 在绘图区域内，随机产生当前球的 x 坐标 和 y 坐标 的向量
        # 在数学中，几何向量（也称矢量），指具有大小和方向的量
        # 这里可以用来表示球的速度
        self.xvelocity = randint(6, 12)
        self.yvelocity = randint(6, 12)
        # 随机产生表示当前球的大小，也就是半径长度
        self.radius = randint(40, 70)
        # 通过 lambda 表达式创建函数对象 r，每次调用 r 会产生 0～255 之间的
        # 数字
        r = lambda : randint(0, 255)
        # 三次调用的数字取前两位，十六进制数存储到 self.color 里，作为球的颜色
        ##RRGGBB，前 2 是红色，中 2 是绿色，后 2 是蓝色，最小是 0，最大是 F，
        # 如 全黑 #000000 全白 #FFFFFF 全红 #FF0000
        self.color = "#%02x%02x%02x" % (r(), r(), r())
        # 获取整个绘图场景的宽度和高度（也就是屏幕分辨率大小）
        self.scrnwidth = scrnwidth
        self.scrnheight = scrnheight
    def create_ball(self):
        # canvas.create_oval() 可以绘制一个圆
        # 但是需要传入圆的左、上、右、下四个坐标
        # 先产生四个坐标，通过这个四个坐标，绘制圆的大小
        # 左坐标 = x 坐标 - 半径
        x1 = self.xpos - self.radius
        # 上左边 = y 坐标 - 半径
        y1 = self.ypos - self.radius
        # 右坐标 = x 坐标 + 半径
        x2 = self.xpos + self.radius
        # 下坐标 = y 坐标 - 半径
        y2 = self.ypos + self.radius
        # 通过 canvas.create_oval() 方法绘出整个圆，填充色 和 轮廓色 分别是
        #self.color 生成的颜色
        self.ball = self.canvas.create_oval(x1, y1, x2, y2, fill = self.color, outline =
self.color)
    def move_ball(self):
        """
        进行相应的移动，如果坐标超过屏幕边缘则向相反方向移动
```

```
"""
# 球的 x 坐标和 y 坐标，按照向量的大小进行增加，表示球运行，向下和
# 向右
self.xpos += self.xvelocity
self.ypos += self.yvelocity
# 如果球的 y 坐标 大于等于屏幕高度和球的半径的差，则调整球的运行
# y 轴
# 方向朝上
if self.ypos >= self.scrnheight - self.radius:
    self.yvelocity = -self.yvelocity
# 如果球的 y 坐标 小于等于 屏幕高度和球的半径的差，则调整球的 y 轴
# 运行
# 方向朝下
if self.ypos <= self.radius:
    self.yvelocity = abs(self.yvelocity)
# 如果球的 x 坐标大于等于屏幕宽度和球的半径的差，则调整球的运行 x
# 轴方
# 向朝左
if self.xpos >= self.scrnwidth - self.radius:
    self.xvelocity = -self.xvelocity
# 如果球的 x 坐标小于等于屏幕宽度和球的半径的差，则调整球的运行 x
# 轴方
# 向朝右
if self.xpos <= self.radius:
    self.xvelocity = abs(self.xvelocity)
# 调用 canvas 对象的 move() 方法可以让对象动起来，参数是对象，以及
# 对象
#x 轴和 y 轴的向量大小
self.canvas.move(self.ball, self.xvelocity, self.yvelocity)
# 此时项目代码基本编写完毕，最后设置弹球个数，运行程序。
if __name__ == "__main__":
    ball = MoreBalls(20)
```

13.4　打包程序

第四步：为了操作方便将程序打包成 .exe 文件。

需要确定 pip 的版本是否为最新版，如不是最新版，可以执行以下指令进行更新下载。具体实现如下：

```
python -m pip install --upgrade pip
```

使用 pip 安装 pyinstaller，打包 py 文件所需的第三方库。具体实现如下：

```
pip install pyinstaller
```

进入项目文件夹中，执行命令打包文件。具体实现如下：

```
pyinstaller –w 文件名 .py
```

打包完成后将会生成以下文件。文件如图 13-2 所示。

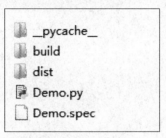

图 13-2　文件路径

.exe 文件在"dist"文件夹中，直接点击就可以运行程序，如图 13-3 所示。

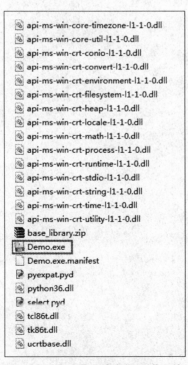

图 13-3　"dist"文件夹".exe"文件

13.5 小结

桌面应用项目开发使用 Tkinter 进行界面设计,在桌面生成若干个彩色弹球可以实现在电脑屏幕上随机弹动。项目开发通常采用这种方式:明确目标,功能模块化实现。本项目在实施时首先需要确定总体框架,明确目标,比如屏幕的长宽、界面的布局、弹球的个数、弹动效果等,然后进行弹球设置,绘制弹球、弹球颜色、弹球大小、弹动效果等,最后进行程序打包。

第 14 章　项目实战：网络爬虫

14.1　爬虫简介

网络爬虫（Web Spider）也叫作网页蜘蛛、网络机器人、网络追逐者。它是一种脚本程序，可以高效准确地将网络上所需的信息进行自动提取。如果将互联网比作蜘蛛网，网络爬虫通过不同网页的链接地址实现在蜘蛛网上爬来爬去获取所需信息。详细流程如图 14-1 所示。

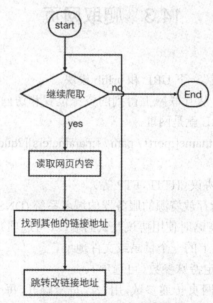

图 14-1　网络爬虫流程图

网络爬虫可分为通用网络爬虫和聚焦网络爬虫。

通用网络爬虫工作原理：从互联网上采集网页信息，这些信息主要用于为搜索引擎提供支持，决定整个搜索引擎的信息及时性和内容的丰富程度。

聚焦网络爬虫工作原理：从互联网上采集网页信息时会对内容进行筛选处理，只爬取所需的网页信息。

本章详细讲解聚焦网络爬虫。

14.2 项目分析

通过应用项目案例详细讲解 Python 网络爬虫。

以豆瓣电影 TOP250 为目标，爬取目标中的中文电影名、年份、评分、评论人数和最热评论的信息，并将爬取得到的信息存入为本地文件，最后将排名前 10 的电影信息（评论人数、评分）可视化显示。

设计思路：

➢ 明确爬取目标及所需要的效果。

➢ 根据 URL 爬取网页数据信息。

➢ 根据需求进行数据清洗。

➢ 数据可视化分析。

14.3 爬取网页

在爬取网页信息之前，讲解一下 URL 和 urllib 模块。

URL（统一资源定位符）：从互联网上得到的资源位置和访问方法的表示，是互联网上标准资源的地址。通俗来讲，URL 就是网址。

URL 格式：protocol :// hostname[:port] / path / [;parameters][?query]#fragment

说明：

➢ protocol(协议)：传输协议（HTTP、FTP 等）。

➢ hostname(主机名)：指存放资源的服务器的域名系统 (DNS) 主机名或 IP 地址。

➢ port(端口号)：整数，省略时使用协议默认的端口（可选项）。

➢ path(路径)：表示主机上的一个目录或文件地址。

➢ parameters(参数)：指定特殊参数（可选项）。

➢ query(查询)：给动态网页传递参数，用"&"符号隔开，每个参数的名和值用"="符号隔开（可选项）。

➢ fragment(信息片断)：字符串，指定网络资源中的片断。

举例说明：

https://www.python.org/downloads/

➢ 协议：HTTP。

➢ 域名：www.python.org。

➢ 请求目录：downloads。

第 10 章网络编程中讲解了"urllib"模块和"urllib2"模块的相关知识，本章将结合 Python 网络爬虫案例详细讲解"urllib"模块的使用。具体实现如 CORE1401 所示。

```
CORE1401 获取百度主页源码

from urllib import request
response = request.urlopen("http://www.baidu.com")    # 打开百度主页
html = response.read()                                # 读取百度主页数据信息
print (html)
```

代码解析:打开浏览器进入百度主页查看源代码,可以发现打印出来的数据和源代码一致,本程序 4 行代码实现将百度主页的代码爬取下来。需要注意,Python3 中没有"urllib2 模块",使用"urllib.request"代替"urllib2 模块"。

如果需要更为复杂的操作,例如,增加 HTTP 报头,此时就不能直接使用"urlopen( )"方法打开目标网址,而需要创建 Request 实例作为"urlopen( )"方法的参数,目标网址作为 Request 实例的参数。具体实现如 CORE1402 所示。

```
CORE1402 创建 Request 实例请求网页

from urllib import request
# url 作为 Request() 方法的参数,构造并返回一个 Request 对象
url_buf = request.Request("http://www.baidu.com")
# Request 对象作为 urlopen() 方法的参数,发送给服务器并接收响应
response = request.urlopen(url_buf)
html = response.read()
print(html)
```

直接请求目标网站的信息显得十分唐突,所以此时需要为请求增加一个"合法的身份",也就是"User-Agent"头。

"User-Agent"(用户代理):是一个特殊字符串头,使得服务器能够识别客户使用的操作系统及版本、CPU 类型、浏览器及版本、浏览器渲染引擎、浏览器语言、浏览器插件等。

为了使爬虫程序更像真实用户,此时需要将代码伪装成被认可的浏览器。用不同的浏览器发送请求,会有不同的"User-Agent"头。具体实现如 CORE1403 所示。

```
CORE1403 伪装成浏览器请求网页

from urllib import request
url = "http://www.baidu.com"
#I360 SE 的 User-Agent,包含在 ua_header 里
ua_header = {"User-Agent" : "Mozilla/4.0 (compatible; MSIE 8.0; Windows NT 5.1;
Trident/4.0; .NET CLR 2.0.50727; 360SE)"}
    # url 连同 headers,一起构造 Request 请求,这个请求将附带 IE9.0 浏览器的 Us-
er-Agent
    url_buf = request.Request(url, headers = ua_header)
    # 向服务器发送这个请求
```

```
        response = request.urlopen(url_buf)
        html = response.read()
        print(html)
```

为了爬取豆瓣电影 TOP250 中的中文电影名、评分、评论人数和最热评论的信息，必须要确定目标网址。

经过查找豆瓣网 URL 为：https://movie.douban.com/top250?start=0&filter=

然后分析豆瓣网 URL 的规律：

豆瓣电影 TOP250 网址第一页：https://movie.douban.com/top250?start=0&filter=

豆瓣电影 TOP250 网址第二页：https://movie.douban.com/top250?start=25&filter=

豆瓣电影 TOP250 网址第三页：https://movie.douban.com/top250?start=50&filter=

一直到第十页：https://movie.douban.com/top250?start=225&filter=

分析后可以发现规律，豆瓣电影 TOP250 网址中的每页 URL 中"start="后面的数值是不一样的，并且是在上次的基础上累加数值 25，根据这个规律可以爬取豆瓣电影 TOP250 网址中所有数据信息。

参照之前使用"urllib.request"获取网页数据信息的方法，为了使用方便，将其封装为函数。具体实现如 CORE1404 所示。

```
CORE1404 爬取豆瓣 TOP250 所有源代码

# 获得网页源码
def urlPage(url):
    try:
        url_buf = request.Request(url)
        reponse = request.urlopen(url_buf)
        html = reponse.read().decode("utf-8")          # 采用 UTF-8 编码
    except request.URLError as e:                      # URL 异常处理
        if hasattr(e, "code"):
            print (e.code)
        if hasattr(e, "reason"):
            print (e.reason)
    print (html)
# 编写豆瓣电影 TOP250 网址的接口，将 URL 的信息传递到函数
for x in range(0,226,25):          # 范围为 0 到 225  跨度为 25
        url='https://movie.douban.com/top250?start='+str(x)+'&filter='
        urlPage (url)
```

具体效果如图 14-2 所示。

图 14-2　爬取所有网页源码

14.4　正则表达式分析

虽然豆瓣电影 TOP250 网址数据信息全部被打印在 IDLE 上，但是有许多冗余的数据信息，这些数据信息并不是所需要的，此时就需要筛选数据。筛选过滤数据的方式有很多，例如，正则表达式、Xpath 等，本书使用之前讲解过的正则表达式，如果对正则表达式存在疑问，可以参考 4.2 正则表达式。

使用正则表达式之前，需要先分析豆瓣电影 TOP250 网址源码信息的规律。下面将豆瓣TOP250 的电影源码进行分析（分析发现每部电影源码基本一样，所以仅截取排名第一的源码进行分析）。具体效果如图 14-3 所示。

此时需要使用正则表达式筛选出源码中的中文电影名、年份、评分、评论人数和最热评论的信息。

分析上述源代码发现：

<span class="title"> 电影名 </span>

 年份 / 美国 / 犯罪 剧情 </p>

<span class="rating_num" property="v:average"> 评分 </span>

```
<li>
    <div class="item">
        <div class="pic">
            <em class="">1</em>
            <a href="https://movie.douban.com/subject/1292052/">
                <img width="100" alt="肖申克的救赎" src="https://img3.doubanio.com/view/photo/s_ratio_poster/public/p480747492.webp" class="">
            </a>
        </div>
        <div class="info">
            <div class="hd">
                <a href="https://movie.douban.com/subject/1292052/" class="">
                    <span class="title">肖申克的救赎</span>
                        <span class="title"> / The Shawshank Redemption</span>
                    <span class="other"> / 月黑高飞(港)  /  刺激1995(台)</span>
                </a>


                <span class="playable">[可播放]</span>
            </div>
            <div class="bd">
                <p class="">
                    导演: 弗兰克·德拉邦特 Frank Darabont   主演: 蒂姆·罗宾斯 Tim Robbins /...<br>
                    1994 / 美国 / 犯罪 剧情
                </p>


                <div class="star">
                    <span class="rating5-t"></span>
                    <span class="rating_num" property="v:average">9.6</span>
                    <span property="v:best" content="10.0"></span>
                    <span>922087人评价</span>
                </div>

                <p class="quote">
                    <span class="inq">希望让人自由。</span>
                </p>
            </div>
        </div>
    </div>
</li>
```

图 14-3　网页源码

\<span\> 评论人数 \</span\>

\<span class="inq"\> 最热评论 \</span\>

使用正则表达式把中文电影名、年份、评分、评论人数和最热评论的信息数据过滤出来。具体实现如下：

筛选出每页源码中符合要求的数据信息。具体实现如 CORE1405 所示。

CORE1405 TOP250 电影源代码筛选

```
def dispose(htmlPage):
# 对获取来的代码进行预处理 去掉不必要的部分
    html = htmlPage.split('<ol class="grid_view">')
    page = html[1].split('</ol>')
    return page[0]
def getContent(url):
    htmlPage = urlPage(url)
    real = dispose(htmlPage)
    # 正则解析
    tag = r'<li>(.*?)</li>'                             # 设置规则
    m_li = re.findall(tag, real, re.S | re.M)   # 筛选数据
```

```
for line in m_li:
    print(line)
```

此时将豆瓣电影 TOP250 所有需要的数据信息筛选出来。具体效果如图 14-4 所示。

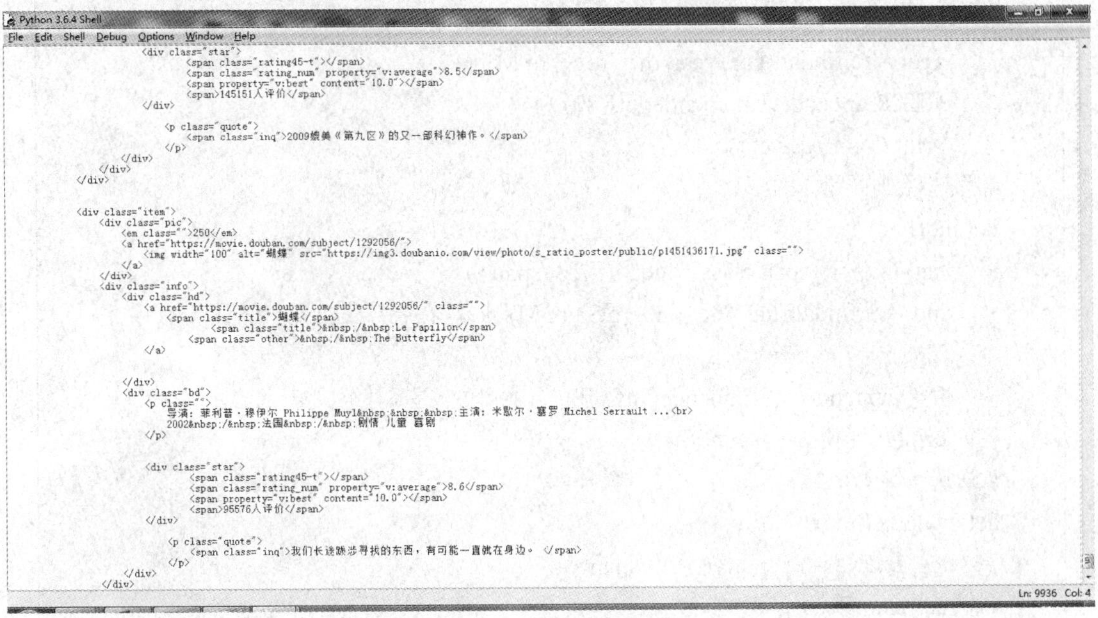

图 14-4　正则分析后的数据

将中文电影名、年份、评分、评论人数和最热评论的信息提取出来还需要进行更深层的筛选。具体实现如 CORE1406 所示。

CORE1406 TOP250 电影数据筛选

```
# 筛选标题
def titleName(line):
    # 标题正则
    tag_title = r'<span class="title">(.*?)</span>'
    # 获得标题
    title = re.findall(tag_title, line, re.S | re.M)
    # 获得中文标题
    TITLE.append(title[0].encode('utf-8'))
    print (' 电影名 :', title[0])
# 筛选年份 导演
def directorName(line):
    # 导演，主演，分类、正则
    tag_director = r'<p class="">(.*?)</p>'
    dirList = re.findall(tag_director, line, re.S | re.M)
```

```python
        # 把 dirList 转换为字符串
        dirt = ''.join(dirList)
        # print dirt
        # 年份正则
        tag_year = r'\d+'
        year = re.findall(tag_year, dirt, re.S | re.M)[0]
        YEAR.append(year.encode('utf-8'))
        print ('年份：', year)
# 筛选经典评论
def inq(line):
        tag_inq = r'<span class="inq">(.*?)</span>'
        inq = re.findall(tag_inq, line, re.S | re.M)
        inqStr = ''.join(inq)
        INQ.append(inqStr.encode('utf-8'))
        print ('经典评论：', inqStr)
# 筛选评论数
def evaluate(line):
        tag_strEva = r'<span>(.*?)</span>'
        tag_numEva = r'\d+'
        evaluate_str = re.findall(tag_strEva, line, re.S | re.M)
        evaluate = re.findall(tag_numEva, evaluate_str[0], re.S | re.M)
        EVALUATE.append(evaluate[0].encode('utf-8'))
        print ('评论数：', evaluate[0])
# 筛选评分
def grade(line):
        tag_grade = r'<span class="rating_num" property="v:average">(.*?)</span>'
        grade = re.findall(tag_grade, line, re.S | re.M)
        GRADE.append(grade[0].encode('utf-8'))
        print ('评分：', grade[0])
def getContent(url):
        htmlPage = urlPage(url)
        real = dispose(htmlPage)
        # 正则解析
        tag = r'<li>(.*?)</li>'
        m_li = re.findall(tag, real, re.S | re.M)
        for line in m_li:
                titleName(line)
                directorName(line)
```

```
      inq(line)
      evaluate(line)
      grade(line)
```

为了操作方便,编写程序时定义若干个函数,分别进行对应的正则表达式筛选。部分具体效果如图 14-5 所示。

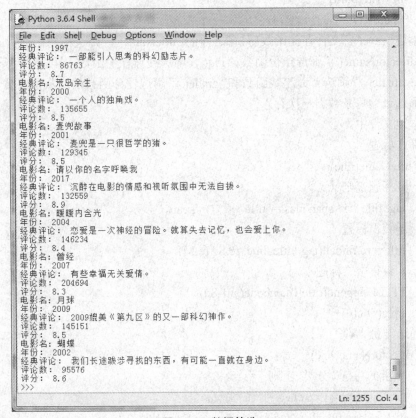

图 14-5　数据筛选

至此,爬取的豆瓣电影 TOP250 中的中文电影名、年份、评分、评论人数和最热评论的信息基本已经实现了。

14.5　存入本地

之前的操作将所需的数据筛选出来,得到的数据结果仅为查看方便,通过 IDLE 打印显示。在实际的开发过程中,为了提高项目的安全性和可移植性,通常会将数据存为本地数据。Python 存为本地数据的方式有许多种,例如,文本类型、HTML 类型、Excel 表格类型或数据库类型等。

本项目为方便用户操作，将爬取到的数据存为文本类型。具体实现如 CORE1407 所示。

CORE1407 数据存入本地

```
# 保存文件
def save(html):
    fh = open(" 豆瓣 TOP250 爬虫 .txt", 'a',encoding='utf-8')
    fh.write(html)
    fh.close()
# 创建"save( )"文件存储函数后，在之前的"titleName( )"筛选标题函数、
#"directorName( )"筛选年份函数、"inq( )"筛选经典评论函数、
#"evaluate( )"筛选 # 评论数函数和"grade( )"筛选评分函数的函数体中将
# 筛选过的每条数据一次存入
# 本地文件中。
# 筛选标题
def titleName(line):
    # 标题正则
    tag_title = r'<span class="title">(.*?)</span>'
    # 获得标题
    title = re.findall(tag_title, line, re.S | re.M)
    # 获得中文标题
    TITLE.append(title[0].encode('utf-8'))
    save(title[0]+" ")
# 筛选年份 导演
def directorName(line):
    # 导演，主演，分类、正则
    tag_director = r'<p class="">(.*?)</p>'
    dirList = re.findall(tag_director, line, re.S | re.M)
    # 把 dirList 转换为字符串
    dirt = ''.join(dirList)
    # print dirt
    # 年份正则
    tag_year = r'\d+'
    year = re.findall(tag_year, dirt, re.S | re.M)[0]
    YEAR.append(year.encode('utf-8'))
    save(year+" ")
# 筛选经典评论
def inq(line):
    tag_inq = r'<span class="inq">(.*?)</span>'
```

```
        inq = re.findall(tag_inq, line, re.S | re.M)
        inqStr = ''.join(inq)
        INQ.append(inqStr.encode('utf-8'))
        save(inqStr+" ")
    # 筛选评论数
    def evaluate(line):
        tag_strEva = r'<span>(.*?)</span>'
        tag_numEva = r'\d+'
        evaluate_str = re.findall(tag_strEva, line, re.S | re.M)
        evaluate = re.findall(tag_numEva, evaluate_str[0], re.S | re.M)
        EVALUATE.append(evaluate[0].encode('utf-8'))
        save(evaluate[0]+" ")
    # 筛选评分
    def grade(line):
        tag_grade = r'<span class="rating_num" property="v:average">(.*?)</span>'
        grade = re.findall(tag_grade, line, re.S | re.M)
        GRADE.append(grade[0].encode('utf-8'))
        save(grade[0]+"\n")
```

具体效果如图 14-6 所示。

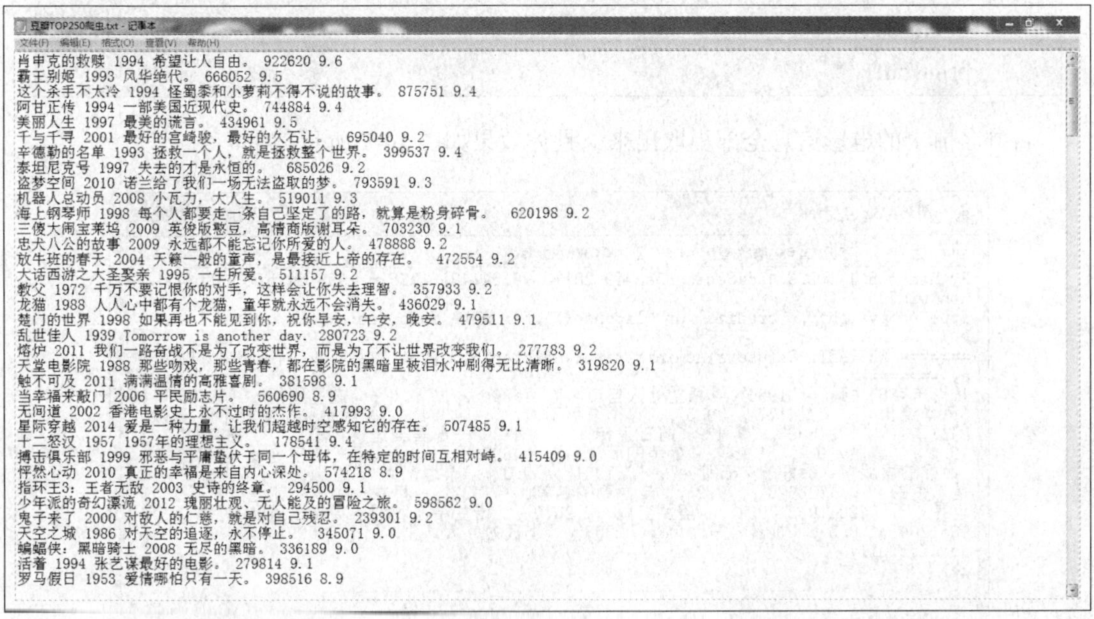

图 14-6　存入本地

14.6　数据清洗

存为本地数据后,本项目案例的基本功能已经实现,但是将排名前十的电影信息(评论人数、评分)最终展示给用户,用文本的方式展示就显得不够直观方便,所以需要将数据可视化形成对比图表。数据可视化需要对存入本地的数据进行数据清洗。

在本项目中数据清洗就是将存入本地文件中排名前十的电影数据读取出来,然后截取其中关于评论人数和评分的数据。具体实现如 CORE1408 所示。

```
CORE1408 TOP10 电影数据清洗
# 读取排名前十的电影信息
def read_file():
    buf=[]
    fh = open(" 豆瓣 TOP250 爬虫 .txt", 'r',encoding='utf-8')
    # 读取排名前十的数据
    for i in range(10):
        text=fh.readline()
        # 依据空格截取数据
        buf.extend(text.split())
    fh.close()
    print(buf)
```

将排名前十的电影信息全部提取出来。具体效果如图 14-7 所示。

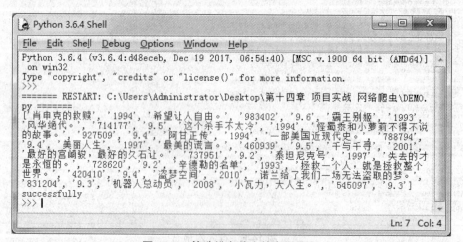

图 14-7　筛选排名前十的电影信息

对提取出来的数据将评论人数和评分清洗出来。具体实现如 CORE1409 所示。

CORE1409 评论人数和评分数据清洗

```
# 数据清洗
def data_visual(buf):
    num,cou1,cou2,cou3=0,0,0,0
    for i in range(len(buf)):
        # 获取评论人数
        if num!=0 and num%3==0:
            a[cou2]=float(buf[i])
            cou2=cou2+1
        # 获取评分
        if num!=0 and num%4==0:
            b[cou3]=float(buf[i])
            cou3=cou3+1
        num=num+1
        if num==5:
            num=0
    print(a,b)
```

具体效果如图 14-8 所示。

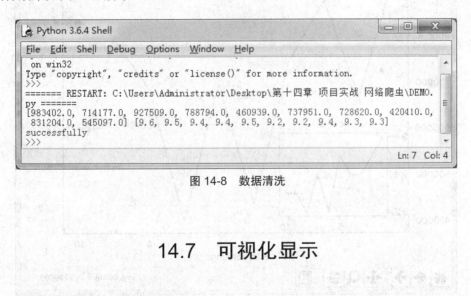

图 14-8　数据清洗

14.7　可视化显示

将清洗过的数据进行可视化显示。具体实现如 CORE1410 所示。

CORE1410 数据可视化

```
# 数据可视化显示
def gui(buf1,buf2):
```

```
fig = plt.figure()
x = [1,2,3,4,5,6,7,8,9,10]
left, bottom, width, height = 0.1, 0.1, 0.8, 0.8
ax1 = fig.add_axes([left, bottom, width, height])  # 大图
ax1.plot(x, buf1, 'r')
ax1.set_xlabel('Film rankings')
ax1.set_ylabel('The number of')
ax1.set_title('Number of Commentaries')
ax2 = fig.add_axes([0.15, 0.15, 0.25, 0.25])        # 小图
ax2.plot(x, buf2, 'b')
ax2.set_title('score')
plt.show()
```

具体效果如图 14-9 所示。

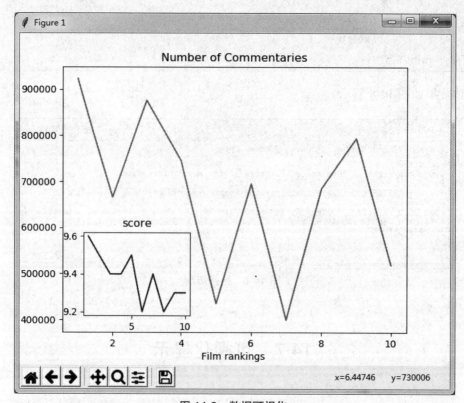

图 14-9　数据可视化

14.8　小结

　　Python 网络爬虫项目以豆瓣电影 TOP250 为目标,使用"urllib 模块"爬取目标中的中文电影名、年份、评分、评论人数和最热评论的信息,使用正则表达式将爬取得到的有用信息存入为本地文件,最后使用"matplotlib"模块将排名前 10 的评论人数、评分可视化显示。